운동의 뇌과학

운동의 뇌과학

· 제니퍼 헤이스 지음 | 이영래 옮김 ·

MOVE THE BODY,

HEAL THE MIND

불안장애에 시달린 뇌과학자가 발견한
7가지 운동의 힘

현대
지성

추천의 글

움직임은 뇌를 회복시켜 병든 마음을 고친다. 뇌유래신경영양인자(BDNF)의
분비를 촉진해 우울증과 불안증, 치매를 예방하고 신경펩타이드 Y(NPY)를
통해 트라우마와 약물 중독에서 벗어나도록 돕는다. 그뿐만 아니라 뇌의 힘
을 키워 집중력과 창의력을 높인다. 이 책에서 최신 연구와 자신의 경험에
기반해 입증하는 바와 같이 건강한 신체에 건강한 마음이 깃드는 것이다.

실제로 진료실에 찾아오는 환자들은 격렬한 운동을 했더니 불안, 우울, 강
박 증상이 좋아졌다는 이야기를 털어놓는다. 부디 많은 사람들이 이 책의
내용을 실천해 정신건강을 유지할 수 있길 간절히 바란다.

_권준수 서울대학교 정신과학교실·뇌인지과학과 교수

어라? "강철 같은 몸에 강철 같은 멘탈이 깃든다"라고? 어디서 많이 들어본 소리 아닌가. 내 책『마녀체력』에서 강조한 뒤 강의 때마다 늘 반복하는 말이다. 짜증 나거나 우울할 때는 약한 정신력을 탓하기보다, 얼른 밖으로 나가 몸을 움직이는 게 훨씬 효과적이기 때문이다. 신기하게 이 책의 저자도 철인3종에 입문하고 나서 나와 비슷한 깨달음을 얻었다.

저자는 뇌를 연구하는 학자이면서 심한 우울증과 강박장애를 앓았다. 운동이 뇌에 미치는 영향에 대해 스스로 '생체 실험'을 감행했다. 때문에 그 과정이 드라마틱할 뿐 아니라 신빙성도 높다. 최신 뇌과학 정보와 다양한 실험으로 운동의 효과를 탄탄하게 뒷받침한다. 그러면서 운동 실천 비법으로 "천천히, 조금씩, 그러나 꾸준히"를 제시하는데, 이건 나의 좌우명과 똑같다. 오, 내가 아마추어로서 오랜 시간 운동하며 체득한 나의 비결이 꽤 과학적인 논리에 들어맞다는 증거를 확보했다! 내가 제시하지 못한 이론과 실행법을 담은 책이랄까?

우리는 타고난 유전자를 바꾸지는 못해도 생활습관은 얼마든지 바꿀 수 있다. 운동이야말로 몸과 마음을 단단하게 지켜주는 특효약이다. 이 책을 읽고도 운동하지 않는 강심장이 있을까 몰라.

_이영미 『마녀체력』 저자

내 사랑하는 딸 모니카에게,
더 이상은 혼자 두려움과 고통 속에서 살지 않길.

저자의 말

건강한 삶을 향한 저의 여정에 들어오신 모든 분께 감사드립니다. 여러분은 이 책에서 저의 독창적인 연구와 제가 인상 깊게 본 여러 연구 결과들을 만날 수 있습니다. 그리고 마지막에 이르렀을 때, 몸의 움직임이 마음을 치유하는 놀라운 과정을 여러분도 완전히 이해할 수 있으리라 확신합니다.

이 책은 의학 서적이 아닌 자기계발서입니다. 따라서 의사의 조언을 절대 대체할 수 없습니다. 운동은 우리에게 엄청난 이익을 가져다주지만 부상의 위험성도 항상 지니고 있습니다. 여기에 나오는 운동도 마찬가지입니다. 이 책은 운동에 수반되는 위험을 책임지지 않습니다. 운동을 시작하기 전에 반드시 의사와 상의할 것을 추천합니다.

책에 등장하는 사례 속 주인공은 연구 참여자들의 평균치를 고려해 만들어낸 가상의 인물입니다. 유명인의 사례도 기술되어 있지만 이는 모두 인터뷰와 뉴스 보도 등 2차 정보원을 바탕으로 했습니다. 언젠가는 이들을 직접 만날 날이 왔으면 좋겠습니다.

연구에 기반해 만들어낸 가상 사례를 제외하면, 이 책 속 이야기는 모두 제가 실제로 겪었던 일입니다. 경우에 따라서 이름을 가명으로 바꾸었지만 가족과 친구들에 대한 이야기도 마찬가지로 실제 사례입니다.

이 책이 여러분에게 몸과 마음을 더 잘 보살피는 방법을 알려줄 것입니다. 부디 여러분 속에 잠들어 있는 운동 욕구에 불을 붙일 수 있길 바랍니다.

독자의 건강을 빌며,

헤이스 박사

차례

삶을 구원하는
운동의 힘

세상의 모든 시작은
다른 시작의 끝에서 온다.

_세네카(Lucius Annaeus Seneca, 철학자)

자, 새로운 나를 만날 시간이다. 이제 몸을 움직여 마음을 치유할 것
이다. 불안과 우울에서 벗어나고, 불면증과 중독에서 해방될 것이다.
또한 잠들어 있던 집중력과 창의력도 깨울 수 있다. 정말 근사하지
않은가?

그런데 잠깐, 무언가 이상하다. 자꾸만 준비가 덜 된 느낌이다. 무
언가 부족하다는 찜찜함에 결국 당신은 이번에도 꼼짝하지 않게 된
다. 계획 자체가 없던 일이 되고 마는 것이다. 그러고 나니 다시 시작
하기는 더욱 망설여진다. '지난번에도 이랬는데… 과연 할 수 있을
까?' 걱정할 것 전혀 없다. 당신만 그런 게 아니니까. 몸을 단련하는
일은 처음 몇 단계만 어려운 법이다. 내가 장담하건대 시간이 지날수
록 점점 쉬워질 것이다.

어떻게 아냐고? 바로 나 자신이 실험용 쥐였기 때문이다. 나는 몸
을 좀처럼 움직이지 않던 책상물림이었지만 이제는 철인3종 경기를

완주한 선수다. 운동은 내 두뇌를 완전히 바꾸어놓았다. 뇌과학자인 나 스스로도 전혀 예상치 못한 일이었다. 당신이 이 책을 읽는 이유가 운동을 시작하기 위해서든, 체력을 기르기 위해서든, 금메달을 따기 위해서든 나는 당신을 돕고 싶다. 내가 발견한 것을 당신에게 전할 수 있어 몹시 설렌다.

나는 운동이 선사하는 신경과학적 효능에 근거해 자기계발 원칙을 도출했다. 연구 결과에 기반한 이 책의 운동법은 두뇌를 더 건강하게 만들어줄 것이다. 따라 하기 쉽고 간편한 여러 운동을 통해 이전보다 나은 자신을 만날 수 있으리라 확신한다.

이 책은 단순히 운동과 뇌에 관한 것이 아니다. 그보다는 인생을 헤쳐 나가는 일에 대한 것이다. 한때 내 삶은 숨쉬기 힘든 순간들로 가득했기에 여기서 벗어나기 위해서는 반드시 몸을 움직여야만 했다. 그리고 이제 나는 숨을 깊이 내쉬며 인생을 즐기고 있다. 운동이 내 인생의 해독제였던 것처럼 당신에게도 그렇게 되기를 바란다. 당신은 더 긍정적이고 회복탄력성이 있는 사람이 될 것이다. 또한 운동을 하기 전보다 더 집중력이 높아지고, 더 생산적인 삶을 살며, 더 의미 있는 인간관계를 맺을 것이다. 이 모든 변화가 정말로 당신에게 일어날 것이다!

다만 이 책의 내용으로 본격적으로 들어가기 앞서 한 가지만 경고하겠다. 운동의 치유력을 실감하려면 실제로 반드시 운동을 해야 한다. 이게 말처럼 쉬운 일이 아니라는 것은 나도 잘 안다. 그러니 천천히 운동과 친해지는 것부터 출발하자.

3년 8개월 24일 전, 모든 변화가 시작되었던 어느 날의 이야기부터 시작해볼까 한다. 정말 끔찍이 힘겨운 출발이었다.

2016년 12월 31일, 한 해가 마무리되는 날이었다. 우리 집에서 열린 파티였지만 정작 나는 도무지 파티를 즐길 수가 없었다. 당시 내가 숨기고 있던 비밀은 날이 갈수록 무거워졌고 결국 혼자서는 도저히 짊어질 수 없는 지경에 이르렀다.

내 결혼 생활은 파탄나는 중이었다. 아니, 이미 파탄이 나 있었다. 하지만 사람들 앞에서 어떻게 그 사실을 드러낼 수 있겠는가? 파티에 있던 사람들은 내가 "죽음이 우리를 갈라놓을 때까지"라고 맹세할 때 함께했던 이들이었다. 그 말은 분명 진심이었다. 하지만 상황은 바뀌었고 약속은 깨졌다. 이제 사랑은 온 데 간 데 없이 사라졌다.

우리는 새해를 맞이해 형식적으로 짧게 입을 맞출 뿐이었다. 나는 사랑이 넘치는 사람이었다. 그때는 길고 열렬한 키스를 좋아했다. 그러나 그날 밤은 입을 맞추던 원래의 모습에서 너무나도 달라져 있었다. 외로운 결혼 생활 속에서 명랑했던 자신을 잃었다. 하루빨리 이 생활에서 벗어나야 했다. 그렇지 않으면 '진짜 나'가 영원히 사라져버릴 것만 같았다.

그와 완전히 헤어지기까지는 몇 개월의 시간이 더 걸렸다. 스트레스로 몸이 몹시 쇠약해졌고 이런 상황을 견뎌낼 수 있을지 자신이 없었다. 한동안은 비밀을 감추기 위해 가짜 미소를 지으며 활기찬 나를 연기했다. 그리고 무언가 새로운 것, 무언가 생생한 것, 무언가 나를 흥분시킬 수 있는 것을 갈급히 찾아다녔다.

연애? 분명 활력을 주긴 할 테지만 아직 나는 유부녀였다. 머리를 자르는 것? 이전에도 해보았지만 기분은 전혀 나아지지 않았다. 나는 그동안 책임과 역할이라는 우선순위에서 밀렸던 오로지 '나'만을 위한 것을 선택하기로 했다. 과연 어떤 것이었을까?

나는 체력을 기르기로 했다. 그렇다, 전혀 독창적이지 않은 목표다. 하지만 일반적인 목표는 아니었다. 나는 철인3종 경기에 참가하기로 마음먹었기 때문이다. 가능한 일이었을까? 적어도 10년 전의 나에게는 불가능한 일이었다. 나는 운동을 잘하는 사람이 아니었기 때문이다. 심지어 초등학교 때는 과체중이었다. 지금도 어린 시절 친구들은 "뚱뚱한 여자가 노래할 때까지는 끝이 아니지. 젠, 노래 좀 해봐!"라며 나를 놀린다. 사춘기에는 마른 것에 지나치게 집착해 심각한 섭식 장애를 겪었다. 그러면서 내 몸을 거의 파괴하는 지경에 이르렀다. 10대 후반과 20대 초반에는 달리기를 시도해봤지만 모두 실패로 돌아갔다. 그러다 충동적으로 친구의 녹슨 로드 바이크를 빌렸는데 그 뒤로 사이클링에 빠졌다. 자전거는 공부를 하다가 머리를 식히기에 좋았다.

그때 시작한 자전거 타기는 앉아서만 생활하는 학자에서 철인3종 선수로 전환하는 밑거름이 되었다. 더 나아가 인생의 다음 10년을 버티는 데 필요한 체력과 정신력을 길러주었다.

녹슨 로드 바이크는 내 커리어를 변경하는 데도 영향을 미쳤다. 당시 나는 신경과학 박사 논문을 마무리하는 중이었다. 뇌세포가 전기적 자극을 이용해서 개별성을 나타내는 방법을 연구하고 있었다. 하지만 사이클링에 빠진 후 나는 운동에 관한 연구에 내 박사후 과정을 모두 바쳤다. 2013년 맥마스터 대학의 신체 운동학과에 합류해 뉴로핏 연구소(NeuroFit Lab)를 설립했고, 운동이 두뇌에 미치는 영향

• 　바그너가 작곡한 《니벨룽겐의 반지》에서 마지막 4부 〈신들의 황혼〉이 뚱뚱한 여인의 노래로 끝나는 데에서 유래한 말로, 끝날 때까지는 끝난 게 아니라는 의미다.

을 집중적으로 연구하기 시작했다.

이제부터 나는 이 책 전체에 걸쳐 우리의 최신 연구 결과를 소개할 것이다. 여러분은 운동이 몸과 마음 사이에서 어떻게 놀라운 상호작용을 만들어내며 삶을 변화시키는지 보게 될 것이다.

2017년 체력을 기르기로 결심했던 내가 희망에 가득 찼듯이, 당신도 부디 설레는 마음으로 이 책을 읽어주길 바란다. 당신의 인생도 얼마든지 변할 수 있다.

1장

왜 우리는
작심삼일에서
벗어나지
못할까?

지금 있는 곳에서 시작하라.
갖고 있는 것을 활용하라.
할 수 있는 것을 하라.

_아서 애시(*Arthur Ashe*, 미국의 전설적인 테니스 선수)

새해가 시작되었다! 우리는 달라지고 싶다. 운동에 대한 우리의 의욕은 충만하고 의지는 불타오른다. 처음에는 운동이 쉽고 재미있다. 내 삶을 바꾸어줄 것 같아 신이 난다. 그러나 얼마 지나지 않아 상황은 급속도로 달라진다. 일주일에 세 번 하던 것이 두 번이 되고 어느새 한 번이 된다. 결국 어느 순간부터 도무지 '바빠서' 운동을 할 수 없다. 너무 '지쳐서' 꼼짝할 수도 없음은 물론이다.

어떤가? 익숙한 이야기이지 않은가? 당신은 아마 상황이나 의지를 탓할 것이다. 그러나 사실 이러한 행동 패턴은 당신이 그렇게 믿기를 바라는 뇌의 작동이다. 왜냐고? 뇌는 지금 그대로의 상태를 유지하려고 하는데 운동이 그 상태를 깨기 때문이다. 그렇다고 그저 무기력하게 뇌의 작동을 받아들일 수밖에 없는 것은 아니다. 우리는 마음을 변화시켜 뇌를 변화시킬 수 있다. 즉, 이것은 마음의 문제다. 마음을 바로잡아 몸을 움직이고, 몸을 움직여 치유를 시작해야 한다.

이 장에서는 당신이 그토록 운동을 하기 어려운 이유가 무엇인지, 당신의 행동을 저지하는 뇌 속의 장애물을 어떻게 뛰어넘을 수 있는지 배운다.

운동은 왜 힘들까

[🏋]　　　　　새해의 첫날이었다. 나는 방 한 칸에 마련해놓은 사무실에 앉아 컴퓨터 화면을 멍하니 바라보고 있었다. 철인3종 경기라는 새로운 목표를 세웠지만 어디서부터 시작해야 할지 몰라 막막했다. 계획을 세우기 위해 웹 브라우저를 연 순간, 몸속에서 조용히 거부감이 차오르는 것이 느껴졌다. 내 몸이 "굳이 변할 필요가 있어?"라고 항의하는 듯했다. 편안함을 추구하는 인간의 관성이었다. 그렇게 몸과 마음의 불화가 앞으로의 내 여정이 쉽지 않으리라 경고했다.

누구나 운동 계획을 세우면 실천하기까지 처음 몇 단계가 가장 어렵다는 사실을 안다. 하지만 거기에 뇌가 한몫하고 있다는 사실은 모르는 사람이 많다. 뇌는 변화를 독려하지 않는다. 놀랍게도 뇌는 우리가 현 상태에 그대로 머물기를 원한다.

뇌는 끊임없이 변화하는 세상 속에서 이상적인 상태, 즉 항상성을 유지함으로써 몸을 지키고자 분투한다. 동시에 안락함을 벗어나려 하지 않는다. 문제는 뇌가 생각하는 '항상성이 유지되는 행복한 상태'가 무려 100만 년도 전의 환경을 기준으로 설정되어 있다는 점이다. 물론 여전히 유효한 것도 있다. 이를테면 체온이 그렇다. 뇌와 신체는 36.5도의 체온을 유지하기 위해 협력한다. 너무 추우면 몸을 떨고 너무 더우면 땀을 흘린다. 하지만 에너지 균형의 항상성은 과거와 현재 사이의 괴리가 상당하다. 허기의 알람에 관해서라면 특히 더 그렇다. 허기의 알람은 기아가 실재적 위협이었던 선사시대에 맞추어져 있다. 우리 뇌에서 가장 원시적인 영역인 시상하부*는 여전히 원시시대에 머문 채 움직임이 많아지면 허기의 알람을 사정없이 울리는 것이다.

아무런 문제가 없어 보이는가? 여기에는 치명적인 함정이 있다. 허기의 알람은 극도로 배고플 때 울리는 것이 아니라 어느 정도 배가 고픈 느낌만 들면 울린다.[1] 이게 무슨 뜻일까? 뇌는 원시시대를 기준으로 우리가 충분히 움직일 것이라고 가정한다는 의미다. 하지만 현대인은 대부분 그렇게 하지 못한다. 때문에 우리는 필연적으로 움직이는 것보다 많이 먹게 되고 체중을 유지하는 것은 너무나 어려운 과제가 된다. 몸을 움직이지 않는 생활은 뇌의 에너지 균형을 깨뜨렸고, 인류 역사상 처음으로 과체중인 사람이 저체중인 사람보다 많아지게 만들었다.

다행히도 우리는 더 많이 움직임으로써 두뇌의 에너지 균형을 회복할 수 있다. 물론 말처럼 쉽지는 않다. 운동한다는 생각만으로도 뇌가 움찔거리니 말이다. 왜 뇌는 그토록 운동을 싫어하는 것일까? 그 이유와 극복하는 방법까지 여기에 소개한다.

• 몸의 항상성을 유지하는 핵심기관으로, 자율신경계와 호르몬 분비 등을 조절한다. 이를 통해 대사의 조절, 체온과 하루 주기의 리듬 유지, 갈증, 굶주림, 피로의 조절 등 기초적인 신체 대사를 유지한다.

첫 번째 이유: 뇌는 게으름을 좋아한다

운동을 한다는 생각만으로 뇌가 움찔하는 첫 번째 이유는 바로 뇌가 게을러서다. 정확히 말하면 게으르다기보다 검소하다. 뇌는 모든 자발적 운동을 불필요한 지출로 생각하기 때문이다.

뇌는 당신이 생사의 갈림길에 서 있을 때만 운동하기를 원한다. 생사가 운동에 영향을 받는 것은 명백한 사실이지만, 살고 싶다면 무조건 움직여야 했던 선사시대의 조상들과 달리 지금 우리는 움직이지 않아도 수십 년을 안전하게 살 수 있다. 정말로 필요한 때를 위해 에너지를 비축해두어야 했던 선사시대에 비해 현대의 삶에서 살기 위해 움직여야 하는 때는 거의 없다. 이 때문에 모든 것이 바뀌었다.

과거에는 음식이 귀했기에 채집과 사냥에 엄청난 에너지를 써야 했다. 그때는 시상하부와 그곳에서 울리는 허기의 알람이 우리를 구하는 영웅이었다. 끊임없이 사냥하는 동안 얼마나 많은 에너지가 사용되었을지 상상해보라. 인류학자들은 초기 인류가 사냥감보다 더 빨리 달려서 사냥감을 잡았을 것이라고 추측한다.[2] 사냥은 하루 중 가장 더운 시간에 시작되어 몇 시간씩 계속되었을 것이다. 이런 상황은 인간에게 유리하다. 인간은 동물보다 털이 적고 땀구멍이 많다. 또한 인간은 이족 보행 덕분에 에너지를 아주 효율적으로 활용할 수 있다. 그리하여 대부분의 동물보다 온열 스트레스에 더 오래 견딜 수 있었고 몇 시간의 추적 끝에 동물은 결국 힘없이 지쳐 쓰러졌을 것이다.

그렇게 선사시대의 사냥꾼인 '존'은 결투 없이 사냥감을 잡곤 했다. 또한 존이 다시 사냥에 나서기 위해서는 기나긴 추적으로 지친 몸을 회복해야 했기에 움직임을 최소화하는 생활이 일상이었다. 사실 존은 사냥을 할 때를 제외하고는 게으른 것으로 유명했다. 그런 행동 때문에 존은 엄청난 욕을 먹었지만(특히 부족의 여자들로부터), 결국 모두가 그의 게으름으로부터 혜택을 받았음은 부인할 수 없다. 존의 다리는 푹 쉬어서 항상 사냥을 할 수 있도록 준비된 상태였고, 덕분에 존은 사냥감보다 빨리 달릴 수 있었으니 말이다. 궁극적으로는 게으름이 존을 살린 것이다. 게으름 덕분에 그는 먹이를 사냥해 오래 살 수 있었고, 에너지 효율이 높은 그의 유전자를 다음 세대에 물려줄 수 있었다. 다윈은 이것을 두고 적자생존이라 해야 할지 '나태자' 생존이라고 해야 할지 고민했을지도 모른다. 농담이 아니다. 이렇게 모든 존의 후손(존 주니어)들은 존의 유전자를 이어받아 에너지를 아끼게 되었다.

다행히도 존 주니어는 더 이상 살기 위해 사냥을 할 필요가 없다. 다만 대부분의 시간 동안 게으름에 빠져 있다. 천성적으로 게으르게 태어났기 때문이다. 잠깐, 섣불리 그를 비난해서는 안 된다. 우리 모두가 에너지를 아끼는 존의 유전자를 품고 있기 때문이다.

사실 우리 뇌에서 게으름을 관장하는 변연계*는 에너지를 절약하는 최고의 살림꾼이다. 변연계는 우리가 취하는 모든 행동을 최적화한다. 이를테면 뇌는 그때그때 지형에 맞추어 가장 효율적인 걸음걸이를 설정한다. 이전에 경험하지 못했던 동작을 해야 할 때도 마찬가지다. 이는 존 주니어가 참여한 실험에서 입증되었다.

연구진은 존 주니어에게 로봇 같은 외피 골격을 입혔다. 마치 치

---

* 대뇌 피질과 간뇌 사이의 경계에 위치한 부위로 감정, 행동, 동기부여, 기억 등의 기능을 담당한다.

아에 끼우는 교정기처럼 무릎에 끼우는 이 장치 때문에 존 주니어는 익숙지 않은 방식으로 걸어야 했다.[3] 그런데 그의 게으른 뇌는 에너지를 최소한으로 쓰면서 움직이는 방법을 단 몇 분 만에 알아냈다! 흥미롭지 않은가?

반대로 생각해보면 이것은 우리에게 막대한 좌절감을 안기기도 한다. 새로운 운동을 시작하려 할 때, 뇌는 당신이 움직이는 것을 멈추기 위해 온갖 노력을 아끼지 않기 때문이다. 뇌는 에너지를 쓴다는 생각만으로도 움찔거린다. 당신의 건강이 움직이는 것에 달려 있는데도 말이다. 게으른 뇌는 이렇게 묻는다. "운동이라고? 왜 운동을 하려는 거야? 넌 지쳤어. 운동은 힘들어. 지금 운동을 할 시간이 있기나 해?" 운동을 반대하는 뇌는 놀라울 정도로 끈질기고, 심할 때는 무시하는 것조차 불가능하다. 스트레스를 받거나[4] 정신적으로 지쳐 있을 때는 그 정도가 더 심하다.[5] 정말 당황스러운 것은 우리가 운동을 '원할 때'에도 게으른 뇌는 계속해서 호소한다는 사실이다. 동적인 활동과 정적인 활동 중 하나를 선택할 때 뇌가 실제로 어떻게 느끼는지를 기록한 연구를 살펴보자.[6] 연구원은 존 주니어를 컴퓨터 모니터 앞에 앉히고 이렇게 지시했다. "앉기, 눕기, 느긋하게 서 있기 등 정적인 활동이 그려진 그림에 있는 아바타를 걷기, 달리기, 자전거 타기 등 동적 활동이 그려진 그림 쪽으로 움직이세요."

존 주니어는 들은 대로 했고, 연구원은 존이 아바타를 얼마나 빠르게 움직이는지 기록했다. 이 속도는 선택지에 대한 무의식적인 선호를 반영했다. 존 주니어는 운동을 매우 좋아한다고 이야기했지만 그의 뇌는 전혀 다른 말을 했다. 기록은 마치 거짓말 탐지기처럼 뇌의 선천적인 게으름을 드러냈다. 뇌는 존이 정적인 그림에서 아바타를 떼어놓을 때마다 그 속도를 늦추며 저항했다. 우리가 새로운 운동을 시작하기 위해서는 바로 이러한 저항을 극복해야 하는 것이다.

다행히 운동을 해야 한다는 논리는 게으름보다 강하다. 인간의 두뇌 중에서 가장 마지막으로 발달해 합리적인 사고를 담당하는 전전두피질(PFC, PreFrontal Cortex)은 좀 더 현명해 게으른 뇌의 감정적인 애원에 '논리적'으로 반박을 가한다. 이성에 뿌리를 두고 장기적인 목표를 달성하기 위해 게으름을 무시하는 것이다. 물론 전전두피질이 작동하기 위해서는 운동에 대한 계획이 필수다.

달력을 이용해 미리 운동 계획을 세워라. 달력 없이 일하는 것을 상상할 수 있는가? 나는 절대 하지 못한다. 내 달력은 약속으로 가득 차 있다. 물론 예정에 없던 회의를 즉석에서 하는 것도 가능하다. 그러나 그러기 위해서는 많은 '노력'이 필요하다.

가장 큰 문제는 대부분의 사람들이 운동을 즉흥적인 회의 정도로만 취급한다는 데 있다. 마음이 내킬 때 스케줄에 운동을 끼워 넣고 싶어 하지만 그럴 만한 시간은 절대 나지 않는 법이다. 그렇게 우리는 또 다시 운동을 미룬다.

답은 간단하다. 게으른 뇌가 "운동할 시간은 있고?"라고 저항할 때를 대비해야 한다. 미리 달력에 운동 시간을 적어놓는 것만으로도 간단히 해결된다. 이제 당신은 "물론이지. 여기 달력에 시간을 마련해 뒀어"라고 답하면 된다. 의지는 결정을 미룰수록 약해지고, 마지막에는 거의 남아 있지 않기 때문에 반드시 계획을 세워 방지해야 한다. 최소한 어디서, 누구와, 언제, 어떤 운동을 할지 미리 계획을 세워 기록으로 남겨두자.

실제로 한 연구는 간단한 계획을 세우는 것만으로 우리가 훨씬 더 많은 시간을 운동에 쓴다는 점을 입증했다.[7] 이 연구에는 새롭게 운동 목표를 세웠으나, 아직 운동을 시작하지 않은 여성들이 참여했다. 이들 절반은 지시에 따라 달력을 이용해 운동 계획을 세웠고, 나머지 절반은 아무런 계획도 세우지 않았다. 그 결과, 계획을 세운 여성들이 계획이 없는 여성들보다 꾸준히, 더 오랫동안 운동을 하고 처음 세운 목표도 달성했다.

달력에 운동 계획을 미리 적어두고, 운동에 필요한 시간과 에너지를 아끼자. 그렇게 해서 게으른 뇌가 "운동은 힘들어"라고 징징거릴 때 "오늘 운동은 그렇게까지 힘들진 않을 거야"라고 대답하자. 당신의 게으른 뇌는 설득이 소용없음을 깨닫고 당신을 내버려둘 것이다.

두 번째 이유: 운동은 스트레스를 유발한다

운동을 생각하는 것만으로 뇌가 움찔하는 두 번째 이유는 운동이 항상성을 깨는 스트레스 요인이기 때문이다. 늘 그렇게 생각할 필요는 없는데도 말이다.

한 가지 예시를 들어보겠다. 당신은 옐로스톤 국립공원에서 휴가를 즐기고 있다. 야외 식사를 맛있게 즐기고 마치려던 그때, 어디선가 으르렁거리는 소리가 들린다. 그 소리는 우리 뇌의 무조건 반사 중추인 중뇌에 위치한 뇌의 청반(locus coeruleus)을 활성화시킨다. 몸을 돌려 자기를 향해 달려오는 곰을 본 당신의 편도체(amygdala)는 두려움에 불을 붙이고, 시상하부를 통해 스트레스 반응을 유발한다. 그러면서 두 다리에 힘을 불어넣는다. 이 과정을 자세히 살펴보면 다음과 같다.

1 교감-부신속질(SAM)*이 빠르게 작동한다. SAM은 교감신경계를 자극해 부신속질을 활성화시키고 흥분과 분노 상황에서 나오는 승부호르몬인 아드레날린을 분비시킨다. 모든 시스템이 '전투 태세'로 전환되고 목숨을 구하기 위한 도주에 협조한다.

2 시상하부-뇌하수체-부신 축(HPA)**은 서서히 움직인다. HPA가 완전히 활성화되면 시상하부와 호르몬 분비를 조절하는 뇌하수체에서는 스트레스 호르몬인 코르티솔을 부신겉질에서 분비하도록 지시한다. 간과 지방 세포에 저장된 에너지가 방출되어 이제 당신의 몸은 곰보다 빨리 뛰는 데 필요한 에너지가 생겼다.

만세! 해냈다. 당신은 곰보다 빨리 뛰었다. 안전해진 상황에서 숨을 고르는 동안 위와 같은 스트레스 시스템은 비활성화된다. 아드레날린과 코르티솔이 기준치로 돌아가고, 신체는 항상성이 유지되는 평온한 상태가 된다. 그리고 이제 우리는 곰을 마주쳤을 때 도망치는 방법을 안다. 이것이 스트레스 반응의 진짜 목적이다. 선사시대에 맞추어 설정된 뇌를 현재 환경에 맞추어 업데이트하는 것이다. 이처럼 스트레스 반응이 역동적으로 증감하는 일련의 과정을 생체적응, 즉 알로스타시스(allostasis)라고 부른다. 알로스타시스는 신항상성이라고

---

* 교감신경계에서 콩팥에 붙어 있는 부신 안쪽의 속질(수질)로 이어지는 시스템을 일컫는다.
** 부신겉질과 시상하부와 뇌하수체 사이에서 상호작용하며 호르몬 분비를 조절하는 축을 말한다.

도 한다. 신체에 변하지 않는 기준점이 있어 외부 환경에 맞서 그 기준점을 유지한다는 뜻인 '항상성'보다 큰 개념으로, 뇌가 변화를 통해 안정을 찾아가는 과정을 뜻한다. 인간이 새로운 환경에 적응하고 성장하는 데 도움을 주어 우리는 더 탄탄하고, 강하고, 건강해진다.

힘든 운동은 분명 스트레스를 가져오지만 그 뒤에 이어지는 스트레스 반응은 역경에 뇌를 대비시키고 신체를 강하고 탄탄하게 한다. 비단 운동능력을 향상시킬 뿐만 아니라 삶의 고난을 더 쉽게 극복하고 편안하게 받아들이는 강인한 사람으로 만들어준다.

하지만 좋은 것도 지나치면 안 되는 법이다. 새로운 환경에 적응하고 성장하기 위해서는 생체적응이 필요하지만, 지나치면 온몸의 에너지를 소진하고 탈진해버릴 수도 있다. 즉, 이때는 스트레스 누적으로 알로스타틱 부하(allostatic load)라는 정반대의 영향을 받는다. 우리는 더 튼튼해지지 않고 오히려 약해진다. 삶에서 이런 스트레스의 부작용을 원하는 사람은 없다. 따라서 신체 능력을 극대화하기 위해서는 힘든 운동 사이에 휴식을 반드시 포함시켜야 한다.

느림과 꾸준함이 답이다

〔|-|〕   운동을 막 시작할 무렵에는 당장 눈앞의 결과에 도취되어 휴식은커녕 운동 강도를 조절하지도 못한다. 이런 시나리오를 생각해보자.

봄이 왔다. 태양은 눈부시고 모두가 따뜻한 날씨에 이끌려 밖으로 나간다. 상쾌하고 새로운 분위기에서 사람들이 이리저리 움직이며 미소를 짓고 있다. 겨울잠은 끝이다. 새로운 인생을 시작하기 위해 당신은 운동화 끈을 졸라매고 조깅에 나선다. 신선한 공기가 활기를 북돋운다. 멀리까지 단숨에 달린다. 옆에서는 조깅을 하는 다른 사람들이 인사를 건넨다. "잘 나오셨어요. 힘내세요!"

그 말에 당신은 있는 힘을 다해서 속도를 올리고, 순식간에 집에 도착한다. 기분이 끝내준다! 빨리 내일도 조깅하고 싶어 마음이 요동친다. 당신은 이 리듬을 끊어서는 안 된다고 여러 번 다짐한다. 그러나 다음 날 뇌는 그 결심에 이의를 제기한다. "휴식이 필요해!"

리듬을 유지해야 하므로 당신은 뇌의 요청을 무시하고 달린다. 신선한 공기가 활기를 북돋운다. 또다시 빠르게 먼 곳까지 달린다. 조깅을 하는 더 많은 사람들이 인사를 건넨다. "잘 나오셨어요. 힘내세요!" 그리고 당신은 사람들 말대로 온 힘을 짜내 속도를 올리는 데 최선을 다한다.

그리고 다음 날, 뇌는 자신의 말을 무시한 것에 대해 극심한 고통으로 응수한다. 온몸이 쑤시고 발까지 아프다. 말 그대로 움직일 수가 없다. 달리고 싶지만 한 발자국도 뗄 수 없을 정도다. 다행히도 며칠이 지나니 통증이 가라앉았지만, 계획에 차질이 생겼다는 기분 나쁜 사실이 당신을 주저앉힌다. 리듬이 깨져버렸다. 새로운 당신을 만들겠다는 계획도 깨졌다. 으윽!

나도 운동을 하며 비슷한 결말을 수도 없이 맞았다. 특히 달리기 습관을 만들려던 때가 그랬다. 20대 초반의 일이었다.

대학 시절 내 룸메이트는 대학 육상팀의 간판 선수였다. 그녀가 나에게 조깅을 같이 하자고 권했다(이야기가 어떻게 전개될지 벌써 눈치챈 사람이 많겠지만 계속해보겠다). 나는 육상 선수인 룸메이트와 조깅을 할 생각에 들떠 있었다. 마침내 조깅을 습관으로 만드는 비결을 알아낼 수 있는 기회가 왔다고 생각한 것이다. 조깅을 약속한 당일, 그녀와 나는 몸을 풀기 위해 우선 천천히 달렸다. 나보다 먼저 나와 달리고 있는 다른 사람들이 인사를 건네며 지나갔다. "잘 나오셨어요. 힘내세요!" 기분이 끝내줬다. 그러나 좋은 기분은 잠시였다. 이내 그녀는 본격적으로 속도를 올렸고, 내 몸은 점차 무거워지기 시작했다. 숨소리가 커졌고 심장 박동은 참을 수 없을 정도로 빨라졌다. 도저히 말을 할 수가 없었다. 나는 속도를 줄이자는 애원의 눈길을 보냈지만, 룸메이트는 내가 힘들다는 사실을 눈치채지 못한 채 끊임없이 달리기만 했다. 그녀의 눈은 지평선에 고정되어 있었고, 입은 귀에 걸려 있었다. 이 순간 조깅은 내게 고문이나 다름 없었다. 어떻게 이런 걸 즐길 수가 있는지 이해하기 어려웠다. '인간은 달리기 위해 태어났다고? 적어도 난 절대 아냐. 난 그만둘래.' 물론 그것은 잘못된 생각이었다. 또 내 접근방식도 잘못되었다.

딱 맞는 운동 강도를 찾는 법

🏋 토끼와 거북이 이야기를 기억하는가? 느리고 꾸준히 가야 성공한다는 우화의 교훈은 운동을 시작할 때도 적용된다. 우리 몸의 스트레스 시스템이 거북이 같은 접근법을 요구하기 때문이다. 좋은 스트레스와 나쁜 스트레스, 알로스타시스와 알로스타틱

부하는 종이 한 장 차이다. 다시 말해 성공적으로 운동 계획을 실행하기 위해서는 그 둘을 나누는 선에서 멀어지지 않고 가능한 그 선 위에서 줄타기를 아슬아슬하게 해야 한다. 이러한 전략을 따를 때 운동이 신체적·정신적 건강에 미치는 혜택은 극대화되며, 부상과 통증의 위험은 최소화된다.

너무 힘든 운동은 당신을 알로스타틱 부하의 영역으로 밀어 넣어되려 당신의 몸을 망가뜨린다. 반면 너무 쉬운 운동은 몸을 강하게 만드는 데 필요한 알로스타시스를 주지 못하고, 아무런 변화도 일으키지 않는다. 때문에 당신은 최적의 성장을 위해 딱 맞는 강도로 운동해야 한다.

그렇다면 '딱 맞는' 운동 강도란 무엇인가? 사실 그것은 사람마다 다 다르다. 같은 강도로 운동을 하더라도 어떤 사람(내 룸메이트 같은 사람)은 매우 기분이 좋은 반면, 어떤 사람(나 같은 사람)은 끔찍한 고통을 느낀다. 바로 운동 스트레스에 대한 내성이 다르기 때문이다. 내가 속한 뉴로핏 연구소는 운동 스트레스 테스트를 실시해 운동 내성을 측정한다. 방법은 다음과 같다.

1 피실험자에게 자전거에 앉아 힘이 들지 않는 약한 강도로 페달을 밟게 한다.
2 처음보다 강도를 약간 높인다. 피실험자는 허벅지에 약간의 묵직함을 느끼며 페달을 밟을 것이다. 근육은 유산소 대사를 통해 산소를 공급받는데, 이제 근육은 공급받는 것보다 더 많은 산소를 필요로 할 것이다. 부족분을 채우기 위해 무산소 대사가 끼어들기 시작하고, 이 과정에서 근육의 피로를 유발하는 물질인 젖

산(lactate)이 생성된다.

3   강도를 한 단계 더 높인다. 이제 피실험자는 근육이 타는 듯한 통증을 느낀다. 바로 이 상태가 젖산 역치(lactate threshold)*, 즉 당신에게 딱 맞는 운동 강도다. 이 상태에서는 힘이 들어도 피로를 기분 좋게 받아들일 수 있으며 당신에게 필요한 알로스타시스가 진행된다.

4   3번보다 강도를 더 높이면, 더 많은 젖산과 더 많은 스트레스가 생성된다. 아드레날린과 코르티솔이 물밀 듯이 혈관으로 쏟아져 들어온다. 피실험자는 숨이 가빠지고 심장이 격하게 뛴다.

5   이 상태가 지속되면 몇 분 안에 피실험자는 더 이상 산소 섭취가 늘지 않는 최대산소섭취량 지점에 도달한다. 이는 당신의 몸이 필요로 하는 산소 수요를 따라갈 수 없다는 뜻이다. 최대산소섭취량 지점에 도달하면 알로스타틱 부하에 대한 공포로 뇌가 신체를 멈춘다. 그리고 테스트는 여기서 끝난다.

따라서 당신에게 '딱 맞는' 운동 강도는 3번의 젖산 역치 상태나 그보다 살짝 더 힘든 상태라고 할 수 있다. 연구소에 갈 수 없어서 딱 맞는 운동 강도를 찾지 못하면 어떡하냐고? 걱정할 필요 없다. 스스로와의 대화를 통해 당신의 젖산 역치를 추정할 수 있다.[8]

운동을 하면서 스스로에게 물으라. "지금 편안하게 이야기할 수 있는가?" 만약 그렇다면 당신은 젖산 역치 아래에 있다. 이후 강도를

---

*   혈액 내의 젖산 농도가 급격하게 증가하는 지점으로, 이 지점을 전후로 운동이 유산소 운동에서 무산소 운동으로 완전히 바뀐다.

높이고 다시 자문하라. "지금 편안하게 이야기할 수 있는가?" 답이 "아니요"라면 그때의 운동 강도는 젖산 역치보다 더 높을 가능성이 크다.

무조건 젖산 역치보다 높은 강도의 운동이 나쁜 것은 아니다. 현재의 상태보다 건강해질 수 있을 정도의 알로스타시스를 만들려면, 처음 며칠 동안은 젖산 역치보다 높은 강도의 운동을 해야 한다. 역기의 무게를 점진적으로 늘려서 근력을 키우듯, 운동 스트레스 내성도 운동의 강도와 지속 시간을 점진적으로 늘려야 키울 수 있다. 오래 지나지 않아 당신은 더 탄탄하고 건강한 몸을 갖게 될 것이다. 또한 운동도 이전에 비해 더 즐기게 될 것이다. 운동 스트레스 내성을 키우면 운동에 대한 즐거움도 증가하기 때문이다.

일단 즐거워야 한다

운동의 즐거움은 섬엽(insula)이라고 하는 뇌 영역에서 시작된다. 섬엽은 신체가 항상성을 유지하도록 설계도를 저장하고 있는 곳이며, 우리가 어떤 사람인지(적어도 신체적으로)에 대한 감각을 제공한다. 신체에는 현재 상태에 대한 정보를 수집하는 일종의 센서 같은 특별한 뉴런이 있는데, 섬엽은 이들이 수집한 정보를 자신의 항상성 설계도와 비교한다. 만약 둘 사이에 차이가 있다면, 섬엽은 활성화되어 스트레스 반응을 유발한다. 그리고 그 결과물로 통증과 불쾌감이 생긴다.

운동 자각도*

강도	자각 정도
6	휴식 상태
7	매우 쉽다
9	쉽다
11	적당하다
13	약간 힘들다
15	힘들다
17	매우 힘들다
19	극도로 힘들다
20	최대치의 노력이 필요하다

운동에 대한 각자의 주관적인 느낌을 뜻하는 운동 자각도(RPE, Rating of Perceived Exertion)는 이러한 섬엽의 활동과 관련이 있다.[9] 예컨대 젖산이 축적되면 항상성에 균열이 생기고 운동 자각도가 상승한다. 대개 젖산 역치에 이르렀을 때의 운동 자각도는 14점이다.[10] 우리는 운동 자각도와 젖산 역치로 해당 운동이 나의 기분을 좋게 만들지 나쁘게 만들지를 예측할 수 있다.

일상생활에서 운동을 하지 않는 남성 12명을 대상으로 진행된 연구는 이를 입증했다.[11]

리암은 실험 참가자 중 한 명이었다. 연구진은 본격적으로 연구를 시작하기 전에 운동 스트레스 테스트를 통해 리암의 젖산 역치를 파악했고, 이를 토대로 실험의 운동 강도를 설정했다. 실험은 각기 다른 날에 걸쳐 이루어졌다. 각각의 날에 리암은 러닝 머신에서 똑같이 20분을 걸었고 이때 러닝 머신의 속도와 경사는 달랐다. 속도와 경사는 연구자가 설정한 강도에 맞게 조정되었다. 그리고 리암은 각각의 운동에서 다음과 같은 질문에 답했다. "아주 나쁨을 –5, 아주 좋음을 +5라고 했을 때, 현재 기분은 어떻습니까?"[12], "지금 하고 있는 운동이 얼마나 힘들게 느껴집니까? 아래의 운동 자각도 점수표를 이

---

* 인간의 심박수는 휴식할 때 분당 60회, 강도 높은 신체활동을 할 때는 분당 200회에 도달한다. 이 때문에 자각도의 척도는 1에서 시작하지 않고 60을 의미하는 6에서 시작해 200을 의미하는 20에서 끝난다.

용해 말씀해주세요."[13]

가벼운 운동을 할 때 리암의 운동 자각도는 9였다. 이때 그의 기분은 좋았다. 실험이 절반쯤 진행되자 리암의 운동 자각도는 13으로 올라갔고, 그는 상당히 기분이 좋다고 답했다. 하지만 운동 막바지가 되어 운동 자각도가 17까지 올랐을 때는 다소 불쾌하다고 답했다.

그에게 무슨 일이 일어난 것일까? 젖산 역치 수준 이상으로 운동을 하면 어느 순간 젖산이 생산되는 속도가 제거되는 속도를 능가하는 때가 오고, 이후부터 젖산이 축적된다. 리암의 경우에도 그리 오래 지나지 않아 젖산 수치가 높아졌고, 동시에 기분이 시시각각 나빠졌다.

다행인 점은 우리가 운동을 통해 젖산 역치를 이전보다 높은 수준으로 끌어올릴 수 있다는 것이다.[14] 다시 말해 운동을 할수록 힘들이지 않고 운동할 수 있는 범위가 넓어진다는 뜻이다. 운동선수나 평소 운동을 꾸준히 해온 사람들이 높은 강도의 운동을 기분 좋게 느끼는 이유도 바로 이것이다.[15][16] 이 때문에 단련되지 않은 나는 달리기를 버거워했지만, 체계적인 훈련을 받은 내 룸메이트는 달리면서 몹시 즐거워했던 것이다. 그때의 달리기 속도는 내 젖산 역치보다 높았고 그녀의 젖산 역치보다는 훨씬 낮았음이 분명하다.

운동 스트레스 반응에 대해 알고 있었다면 나는 조깅을 습관으로 만들기 위해 '황새'를 따라가지 않고 '뱁새'인 나에게 맞는 다른 방법을 시도하지 않았을까? 운동을 일상화하는 데 있어 가장 큰 비극은 새로운 운동을 시도하면서 느낀 처음 몇 번의 감정이 장기적으로 그 운동을 지속할지 말지에 막대한 영향을 미친다는 점이다.[17] 안타깝게도 당시 나는 달린 후 기분이 좋지 않았고 그래서 곧 달리기를 그만

두었다.

인간은 달리기 위해 태어났다고? 그럴지도 모른다. 하지만 한 가지만큼은 분명하다. 달리기를 습관으로 만들기 위해서는 좀 더 느리고 꾸준한 접근법이 반드시 필요하다.

운동은 다른 누구도 아닌, 당신의 체력을 키우기 위한 당신만의 여정이다. 때문에 운동 강도는 스스로 정해야 한다. '딱 맞는' 듯한 느낌은 개개인의 젖산 역치에 좌우되기에 다른 사람과의 비교는 도움이 되지 않는다.

이를테면 최근에 많이 움직이지 않았다면 걷는 것만으로도 젖산 역치를 넘길 수 있다. 그래도 아무 문제가 되지 않는다. 중요한 것은 현재 당신의 젖산 역치에서 조금씩 벗어나는 일이다. 걸음마를 떼는 어린아이처럼 조금씩 차츰차츰 앞으로 나아가면 된다. 집 앞을 서성이고, 동네를 한 바퀴 돌고 그렇게 한 번, 두 번, 세 번 늘려가면 된다. 무엇이 되었든 당신이 피로를 기분 좋게 받아들일 수 있는 운동부터 시작하자.

내가 고안한 걷기 운동을 이 장의 마지막에 수록해놓았으니 참고하라. 분명 운동을 시작하는 데 도움이 될 것이다. 꾸준히 하기만 하면 된다. 처음부터 매일 운동하려 하지 말고 일주일에 세 번 운동하는 것부터 도전하라. 운동 일정은 달력에 적어두라. 그리고 첫술에 배부를 생각 말고 천천히 시도하라. 매주 1~2분을 추가하는 것에서 시작해 서서히 운동하는 날도 하루씩 늘려라. 물론 달력에 적어두는 것을 절대 잊어서는 안 된다.

매일 30분을 쉬지 않고 걸을 수 있게 되었는가? 축하한다! 당신은 첫 번째 성공을 거두었다. 이제 속도를 높여서 걸어보자. 그러다 보면 어느 순간 빠르게 걷는 것을 넘어, 느리지만 계속해서 뛰고 있는 당신을 발견할 것이다. 이때 작은 성공에 도취되어 서둘러서는 절대 안 된다. 적어도 30분을 쉬지 않고 달릴 수 있을 때까지 걷는 시간은 줄이면서 점진적으로 조깅 시간을 늘려야 한다. 30분을 쉬지 않고 달리기까지 몇 년이 걸릴 수도 있다. 그래도 괜찮다. 그곳에 도달하기만 하면 된다. 훗날 도착한 곳에서 당신이 얼마나 멀리 왔는지 돌아보면 분명 이루 말할 수 없는 뿌듯함이 몰려올 것이다.

어떻게 아냐고? 느리고 꾸준하게 운동하며 마침내 달리기를 습관으로 만든 장본인이 바로 나다. 내 운동 스트레스 내성은 수년에 걸쳐 성장했고, 현재는 젖산 역치 수준보다 훨씬 고된 운동까지도 견딘다. 하지만 여전히 나는 몸에 과도하게 스트레스를 주지 않기 위해 일주일 동안 총 운동 시간의 20퍼센트만을 젖산 역치 이상의 강도로 운동한다.[18] 이러한 방식으로 운동이 항상 내포하고 있는 과도한 훈련으로 인한 부상의 위험 없이 운동의 치유력만을 활용한다. 그러니 만약 당신도 운동을 하는 일에 스트레스를 받는다면 운동 규칙을 바꾸고 강도를 낮추어보라.

만성 스트레스를 이겨내려면

〔◧〕　　　　　　　인생을 살면서 스트레스를 받는 일은 셀 수 없이 많다. 인간관계 갈등, 학대와 욕설, 금전적인 고민, 차별, 괴롭힘, 업무에서 오는 긴장 등등. 그러나 놀랍게도 우리 몸은 그 모든 스트

레스 요인에 항상 똑같이 반응한다.

강도 높은 운동이 SAM과 HPA 축을 작동시키듯, 심리적인 스트레스 요인도 SAM과 HPA 축을 활성화시킨다. 다만 운동은 자발적이고 일정 시간 동안만 진행되는 반면, 심리적인 스트레스 요인은 비자발적이고 오래 지속된다. 그래서 알로스타시스는커녕 원치 않는 알로스타틱 부하만 가중될 가능성이 크다.

마음의 치유가 필요해서 이 책을 읽고 있는 사람이라면 만성 스트레스에 익숙하리라 생각한다. 만성 스트레스는 최악의 경우 무력감을 남기고 이후에 예기치 못했던 일을 발생시키기도 한다. 바로 경직(freeze) 반응인 학습된 무기력을 유발하는 것이다.

스트레스가 낳은 학습된 무기력

"내가 무슨 짓을 하든 상황은 바뀌지 않아. 아무리 노력해도 의미 없어." 레슬리는 그렇게 생각하고 침대로 기어가 이불 속을 파고든다. 학습된 무기력 때문이다. 어쩌다 이렇게 되었을까? 그녀는 스트레스 상황을 반복해서 경험했고, 그 결과 자신이 상황을 통제할 수 없다고 믿게 되었다. 이제 그녀는 변화의 가능성이 보일 때에도 상황을 바꾸려고 시도하지 않는다.

연구자들은 레슬리와 같은 상황을[19] 본떠 학습된 무기력에 대한 동물 실험을 했다.[20] 개 한 마리를 바닥에 전기가 연결된 우리에 넣은 후, 불규칙하고 반복적으로 전기 자극을 가했다. 개는 전기 자극으로 괴로워하며 탈출을 시도했지만 사방이 막혀 있어 번번이 실패했다.

이후 개를 낮은 칸막이가 있는 다른 우리로 옮겼다. 칸막이를 기준으로 한쪽에만 전기가 들어오는 구조로 칸막이를 뛰어넘어 다른 구역으로 이동하면 얼마든지 전기 자극을 받지 않을 수 있었다. 아마 보통의 개라면 자극을 받자마자 칸막이 너머로 간단히 도망쳤을 것이다. 하지만 전기 자극을 오랜 시간 받으며 아무것도 할 수 없었던 개는 전기 자극 구역에 머무른 채 끊임없이 고통을 받을 뿐 칸막이 너머로 도망치려는 시도조차 하지 않았다.

왜일까? 통제할 수 없는 스트레스를 너무 오래 받은 탓에 고통을 멈출 수 있는 방법은 없다고 체념하게 된 것이다. 이 개는 무기력 때문에 경직 상태에 빠졌고, 고통을 견디며 가만히 있을 수밖에 없었다. 이것이 바로 학습된 무기력, 즉 스트레스가 유발하는 경직 현상이다.

만성 스트레스는 모든 상황을 극복할 수 없는 것처럼 보이게 만들고 무기력감을 키워 우리를 상황에 굴복시킨다. "내가 무슨 짓을 하든 상황은 바뀌지 않아. 아무리 노력해도 의미 없어"라는 레슬리의 말버릇처럼 말이다. 하지만 그 말이 진실일까?

우리는 운동의 치유력에서 무기력을 무너뜨릴 희망을 찾을 수 있다. 운동은 내 속에 있는 희망의 불씨가 꺼지지 않도록 해준다. 물론 운동이 누군가 당신에게 가하는 폭력을 사라지게 해주지는 않는다. 당신을 가로막는 사회적 장벽을 무너뜨려주지도 않는다. 하지만 운동은 적어도 무기력한 사고방식에서 빠져나오는 데 필요한 추진력을 제공한다.[21] 이를 통해 우리는 가능성이 보일 때는 포기하지 않고 싸울 수 있다. 통제할 수 없는 스트레스에 노출된 동물은 무기력을 학습하지만, 최소한 달리기를 할 수 있는 환경에 있는 동물(예컨대 쳇바퀴에 접근할 수 있는 동물)은 경직될 가능성이 낮은 것처럼 말이다.[22]

운동은 멘탈의 버팀목

만성 스트레스는 우리 몸의 스트레스 통제 스위치를 망가뜨리는 치명적인 결과를 낳는다.[23][24] 그 결과 몸은 스트레스 저항성이 떨어지고 스위치가 고장난 탓에 코르티솔이 통제할 수 없을 정도로 많이 퍼져나가 몸과[25] 마음이[26] 손상된다. 다행인 것은 규칙적으로 운동을 하면 스트레스 반응이 정상 수준으로 돌아오고, 심리적 스트레스 요인에 강인해진다는 것이다.[27][28] 동시에 마음에는 낙관주의가 서서히 싹을 틔운다. 전혀 통제 불가능해 보이는 상황에서도 말이다.[29] 이는 운동이 뇌에 공급하는 뇌유래신경영양인자(BDNF, Brain-Derived Neurotrophic Factor) 덕분이다.[30][31] BDNF는 뇌의 비료와 같은 존재로, 스트레스 반응을 무마시키는 뇌세포를 비롯한 모든 뇌세포의 성장과 기능을 돕는다.

운동을 하면 뇌는 스트레스의 강력한 독성으로부터 뇌세포를 보호하는 BDNF에 흠뻑 젖는다. 그 덕분에 고장난 스트레스의 통제 스위치는 다시 정상으로 돌아갈 수 있다. 뿐만 아니라 막 운동이 끝났을 때는 몸이 모든 스트레스 요인을 차단하기에[32] 자유롭고 평화로운 순간을 느낄 수 있다. 스트레스가 없는 삶을 상상하기 어려운 시대를 살고 있는 우리에게 운동은 한 줄기 빛인 것이다.

다만 운동으로 스트레스 통제 스위치를 고칠 때 조심해야 할 것이 하나 있다. 운동을 너무 심하게 하면 이미 스트레스로 과부화된 시스템에 되려 부담을 더한다는 사실이다. 스트레스 요인은 여러 가지라도 우리 몸의 반응은 모두 똑같다는 것을 앞서 배웠다. 이로 인해 몸은 강해지기는커녕 약해질 가능성이 크다. 만성 스트레스를 경험하는 사람들이 강도 높은 운동을 했을 때 회복하는 데 더 오랜 시간이 걸리는 이유도 바로 이것이다.[33][34] 내가 속한 연구소의 연구 결과에서도 과도한 불안을 경험하는 사람들이 약한 불안을 경험하는 사람들에 비해 강도 높은 운동의 혜택을 적게 받는다는 사실이 드러났다.[35]

그러므로 스트레스나 불안감이 줄어들 때까지는 잠시 운동의 강도를 낮추어야 한다. 걱정하지 말라. 가벼운 운동도 뇌를 스트레스로부터 보호하는 데 필요한 BDNF를 충분히 선사한다.[36] 뇌세포에 내려진 BDNF의 세례는 당신이 힘겨운 시기를 이겨내고 더 나은 삶을 찾도록 도와줄 것이다.

운동이 버거운 이들을 위한 몇 가지 팁

🏋 그렇다면 운동 스트레스에 대한 뇌의 거부 반응은 어떻게 극복할 수 있을까? 해법은 간단하다. 느리게 꾸준히 하면 된다. 이 장 마지막에 있는 '처음 운동하는 당신을 위한 하루 10분 트레이닝'에 나오는 걷기, 체력 회복 운동이 당신의 뇌와 몸을 워밍업해 성공적인 출발을 도울 것이다.

운동이 쉬워지는 음악의 힘
운동할 때는 강하고 일정한 박자로 동기를 부여해주는 음악을 들으면서 움직임을 맞추라. 이를 통해 운동의 효율을 높일 수 있을 뿐만 아니라 과정을 즐길 수 있다.

시작이 유난히 버거워 도저히 몸이 움직이지 않는 날도 있을 것이다. 그럴 때는 어떻게 해야 할까? 당신이 좋아하는 음악에 의지하라. 이는 존 주니어도 즐겨 사용하는 방법이다. 그는 달리면서 음악 듣는 것을 좋아한다. 머리를 식혀주고 기분을 나아지게 하기 때문이다. 존 주니어는 음악이 운동에 미치는 영향을 알아보는 실험에 참여해 음악이 운동을 덜 힘들게 만들어준다는 사실을 직접 체험했다.[37] 그는 각기 다른 날 러닝 머신 위에서 동일하게 빠른 속도로 뛰었다. 이 실험에서 모든 조건은 동일하고 듣는 소리만 달랐다.

- 1일 차: 일정한 박자의 동기부여 음악
- 2일 차: 일정한 박자의 메트로놈 소리
- 3일 차: 소리 없음

존 주니어는 아무 소리도 듣지 않은 3일 차에 비해 메트로놈 소리나 음악을 들을 때 속도를 더 꾸준히 유지했을 뿐만 아니라 더 오래 달렸다. 일정한 박자로 쿵쿵거리는 소리를 들을 때 몸이 더 쉽게 움직인 것이다. 특히 달리기를 시작할 때 음악은 효과가 좋았다.

음악으로도 격려가 부족한 날에는 게으른 두뇌에게 지금은 자원이 풍부한 시대라는 점을 상기시켜주자. 뇌는 음식이 부족한 상황에 맞추어 진화했기에 움직이라고 설득하기 위해서는 몸이 필요한 칼로리 이상을 공급해주는 것이 좋다. 이때 당이 든 음료가 유용하다. 속임수이므로 실제로 마실 필요는 없다. 그저 입안을 헹구고 뱉어내는 것으로 충분하다. 입안에 남아 있는 당만으로도 게으른 뇌를 자원이 풍부하다고 안심시킬 수 있다.[38] 다만 음료는 반드시 진짜 당을 함유하고 있어야 한다. 인공 감미료는 효과가 없다.

나는 이 방법들을 사용해 새해의 첫 몇 개월 동안 느리지만 꾸준히 몸을 단련시켰다. 운동을 하면서 몸이 강해졌을 뿐만 아니라 나의 마음도 치유되었다. 그리하여 봄이 왔을 때, 나는 지긋지긋한 결혼 생활에서 떠날 수 있을 정도로 정신이 강해졌다. 여름에는 하프 철인 3종 경기 완주라는 목표를 달성했고 난 은메달을 들고 집으로 돌아갔다! 비록 아주 낮은 수준의 철인 경기였지만 어쨌든 해냈다. 내게 정말 절실하게 필요했던 승리였다. 그 승리는 내가 올바른 궤도에 있다고 알려주는 녹색 신호였다. 녹색불 안에는 굵은 글씨로 이렇게 적혀 있었다. "계속해!"

처음 운동하는 당신을 위한 하루 10분 트레이닝

- 난이도: 초급
- 뇌과학적 목표: 스트레스 시스템을 정상으로 되돌리기
- 마인드셋: 발전이 없어 보여도 꾸준히 하자

월	화	수	목	금	토	일
걷기	체력 회복 운동	걷기	휴식	걷기	체력 회복 운동	휴식

◆ 걷기

1. 편안한 걸음걸이로 느리게 10분간 걷는다.

2. 걷기에 익숙해지면 매주 2분씩 시간을 늘린다.

3. 몇 주가 지난 뒤에는 일주일에 한두 번 강도를 높여 걷는다. 예를 들어 3분간 편안히 걷다가 1분간 빠르게 걷기를 4회 반복하는 식이다.

◆ 체력 회복 운동

5분간 천천히 걸으면서 몸을 푼 뒤, 1~6번까지의 동작을 정해진 횟수만큼 반복한다. 그다음 2분간 휴식한다. 만약 운동이 쉽게 느껴지면 각 동작 횟수를 15회로 늘리고 전체를 3회 반복한다.

순서	종류	횟수(시간)	참고
1	팔 흔들기 (상하 방향)	10회	298쪽
2	팔 흔들기 (교차 방향)	10회	298쪽

3	골반 트위스트	한쪽당 10회	259쪽
4	무릎 잡아당기기	한쪽당 10회	272쪽
5	엉덩이 차며 제자리 달리기	한쪽당 10회	289쪽
6	다리 교차시키기	한쪽당 10회	262쪽
마무리	휴식	2분	–

2장

불안에서
벗어나는
가장 빠른 방법

어떤 일이든 해내기 전까지는
항상 불가능해 보이는 법이다.

_넬슨 만델라(Nelson Mandela, 최초의 흑인 대통령)

철인3종 경기에 참가한 날이었다. 시작을 알리는 총소리가 울리면서 파열음이 허공에 메아리쳤다. 안 그래도 초조했던 나는 그 소리를 듣자마자 공황에 빠졌다. 다른 선수들이 물에 뛰어드는 모습을 보고 간신히 정신을 붙잡았다. 나는 물속에서 첫 번째 부표를 향해 헤엄쳐 갔다. 사실 내 몸은 이미 한계였다. 가슴이 미친 듯이 두근거렸고, 종아리 근육은 당장이라도 쥐가 날 것처럼 꿈틀거렸다. 너무나 두려워서 숨이 막혔다. 숨을 깊이 들이마시고 싶었지만 입으로 들어오는 것은 맑은 공기가 아닌 탁한 녹색 물이었다. 이제 끝이라는 생각이 들었다. 머릿속에 흡사 블랙 코미디 같은 헤드라인이 떠올랐다. "철인3종 경기에 첫 출전한 여성, 출발하고 100미터도 못 가 익사." 그렇게 나는 무덤 안에서도 굴욕감에 몸부림치게 될 것이다. 다행히 그게 내 마지막 숨은 아니었다. 하지만 거짓말이 아니라 나는 그 순간 죽을 수도 있다고 생각했었다.

이것이 불안의 힘이다. 불안은 정신을 왜곡하고 신체까지 망가뜨린다. 그럴 때면 우리는 상황을 있는 그대로 보지 못한다. 공포에 휩싸여 아드레날린이 뇌의 곳곳에 스며들어 있을 때면, 세상은 사방에 위험이 도사리는 지옥이 된다. 이렇듯 불안의 결과는 극도로 파괴적이다. 불안은 우리가 시도하는 모든 것을 궤도에서 탈선시키는 잠재력을 지니고 있다.

불안은 어디에서 올까

[I-I]　　　우리 모두가 때때로 불안함을 느끼기에 당신은 불안이 어떤 느낌인지 잘 알고 있을 것이다. 불안은 스트레스 요인에 대한 뇌의 자연스러운 반응으로 정신을 집중하고 기민함을 유지하도록 해 스트레스 상황에 대처하는 데 도움을 준다. 문제는 불안 수치가 단 몇 초 만에 0에서 100으로 쉽게 상승해버린다는 사실이다. 불안이 100에 달하면 우리는 더 이상 당면한 상황에 집중하지 않는다. 우리가 반응하는 것은 나 자신의 '취약함'이다. 이는 지나치게 과장되고 편협한 모습으로 나타난다. 상황이 잘못될 수 있다는 점을 과하게 걱정하며, 몸은 긴장과 고통으로 쇠약해져 더 이상 정상적으로 움직이지 않는다. 평범한 사람이라도 세 명 중 한 명은 인생의 특정 시점에 이 정도의 불안을 경험하는데[1] 그중 몇몇은 항상 이런 불안 속에서 산다. 그들이 경험하는 불안장애로는 다음과 같은 것들이 있다.

- **범불안장애:** 일상적인 일에 대해 '특별한 이유 없이' 지나치게 걱정한다.
- **공황 발작:** '실제적인 위험이나 위협이 없는 때'에 갑자기 극심한 공포가 몰려와 심장이 터질 듯이 빨리 뛰거나 가슴이 답답하고 숨이 차는 등의 신체 반응이 나타난다.
- **공포증:** 특정 대상이나 상황이 '무해'한데도 극심한 두려움이나 반감을 느낀다.
- **사회불안장애:** '아무 이유 없이' 사회적으로 부정적인 평가를 받거나 누군가가 자신을 면밀히 조사할까 봐 극심한 공포를 느낀다.

두뇌는 분명 똑똑하고 사랑스러운 존재이지만, 두려움에는 한없이 약하다. 한 가지 예시를 들어보겠다.

어느 날 뇌에서 감정 처리를 담당하는 편도체가 이렇게 경고한다. "이런, 조심해! 12시 방향에 화난 남자가 있어." 고개를 들어보니 정말로 화가 난 것처럼 보이는 한 남자가 가까이 다가오고 있다. 편도체는 소리친다. "맙소사! 적색 경보! 적색 경보! 위험이 임박했다!" 경고는 시상하부로 전달되고, 시상하부는 스트레스에 대처하는 모든 시스템을 가동한다.

"준비됐나?"라고 편도체가 소리친다. "준비 완료!"라고 몸과 마음이 대답한다. 그러나 아무 일도 일어나지 않는다. "그는 어디로 갔지?"라고 마음이 묻는다. 화난 남자가 멀어지는 것을 돌아보며 몸은 "모르겠어"라고 답한다. 그가 화난 것은 맞지만, 적어도 당신에게 화가 나지 않았다는 것은 분명해 보인다. 편도체는 겸연스레 어깨를 으쓱이며 "이런, 오경보야. 그래도 뒤늦게 후회하는 것보다는 조심하는 게 낫지, 안 그래?"라고 말한다. 몸과 마음이 짜증스레 답한다. "또?"

과민한 편도체 때문에 몸과 마음은 녹초가 되어버렸다. 그러나 편도체는 그저 당신이 만약의 사태를 대비하기를 바랐던 것뿐이다. 두려움에 반응하는 것이 편도체의 일이기 때문이다.

우리가 불안해하는 원인도 바로 이 편도체에서 찾을 수 있다. 편도체는 걱정이 생길 때마다 곧장 시상하부에 이를 보고한다. 그러면 시상하부는 스트레스 반응을 유발하고, 몸과 마음에 잠재적인 위협을 알릴 수 있을 정도로 아드레날린과 코르티솔 수치를 높인다. 그 결과 몸과 마음은 스트레스를 느낀다. 이것이 불안함을 느낄 때 우리가 스트레스를 받는 이유다.

불안한 편도체는 어리석다

편도체 덕분에 신체적, 심리적, 실재적, 잠재적 위협으로부터 도망칠 수 있는 것은 매우 감사한 일이다. 일단 위험 요소가 감지되면 편도체는 스트레스 반응을 이용해 지체 없이 몸에 경고를 한다. 그러나 불행히도, 편도체는 위협의 본질은 파악하지 못한다. 따라서 편도체를 맹목적으로 신뢰할 수밖에 없는 몸은 진짜든 아니든 모든 위협에 동일한 방식으로 반응한다.

게다가 편도체는 너무나 부지런하다. 위협이 사라질 때까지 'ON' 상태를 유지한다. 실제로 위협이 닥친 상황이라면 이 기능이 유용하겠지만, 현실에 존재하는지 알 수 없는 잠재적 위협에 대해서까지 기능하기에 지극히 비효율적이다.

이쯤에서 당신은 "위협이 실재하지 않는다고 판명나면 편도체도 그 사실을 인지하나요?"라고 질문할 수 있다. 내 대답은 "아니요"이다. 바로 이러한 편도체의 어리석음 때문에 불안이 끝난 뒤에도 괴로움이 지속되는 것이다.

에이다는 내일 비행기를 타고 출장을 가야 했다. 출장 스케줄을 머릿속에서 떠올리다 문득 뉴스에서 본 비행기 추락 사고가 떠올랐다. 에이다는 혹시나 비행기가 떨어지는 것은 아닐지 걱정하느라 한숨도 잠을 자지 못했다. 휴식이 절실하게 필요한 시간에도 편도체가 언제든 투쟁할 수 있게 몸을 준비했기 때문이다.

불안한 편도체는 평온한 마음 상태를 깨뜨리는 최악의 빌런이다. 에이다의 편도체는 잠재적 위협이 지나가기를 기다리면서 만일에 대비해 스트레스 시스템을 'ON' 상태로 유지했다. 이러한 편도체의 과한 대비 태세는 득보다 실이 더 많다. 잠재적인 위협에 대비하던 편도체에게 실재적인 위협이 등장했을 때가 그렇다. 이를테면 에이다의 편도체는 이전에 과하게 경보를 울려댔다는 점을 까맣게 잊고 스트레스로 몸이 손상되었다는 새로운 경보를 보낸다. 그렇지 않아도 스트레스로 지친 몸에 스트레스는 추가되고, 스트레스 과잉으로 몸과 마음은 한층 더 손상된다. 마치 편도체의 행동 지침은 "자라 보고 놀란 가슴 솥뚜껑 보고 놀라기"같다. 위협이 될 만한 새로운 요소를 쉬지 않고 경계한다.

더 나아가 편도체는 모든 불쾌한 상황에서 자극을 받는다. 적절하지 않은 때와 불편한 장소에서 일어난 일이라면, 제 아무리 무해한 대상이라도 두려워한다. 개, 고양이, 거미, 뱀부터 어두운 곳, 천둥과 번개, 높은 곳, 비행, 기차 여행, 좁은 장소, 공공장소에서 음식을 먹는 것, 공중 화장실을 이용하는 것, 사람들 속에 있는 것까지 말이다. 운동도 예외가 아니다.

유전된다고 추정되는 공포증도 있지만 대부분의 공포증은 경험으로 학습된다. 1920년대 미국의 심리학자 존 왓슨은 최초로 공포증이 생기는 과정에 대한 실험을 했다.[2] 그는 앨버트라는 어린아이에게 하얀색 실험용 쥐를 주었다. 처음에 앨버트는 실험용 쥐를 좋아했고, 쥐와 즐겁게 놀기까지 했다. 하지만 어느 순간부터 왓슨은 앨버트가 쥐와 놀려고 손을 뻗을 때마다 크고 무서운 소리를 틀었다. 앨버트가 쥐를 무서워하게 만들기 위해서였다. 효과는 굉장했다. 곧 앨버트는 쥐만 봐도 크고 무서운 소음을 떠올리고 울음을 터뜨렸다. 여기서 멈추지 않고 앨버트의 공포는 흰 털이 달린 다른 대상들까지로 확장되었다. 토끼, 강아지, 심지어는 솜으로 만든 산타의 수염까지 말이다 (농담이 아니다. 그들이 실제로 실험한 결과다).

불안한 편도체는 가상의 위협을 만든다

가엾은 앨버트, 그는 공포 조건화(fear conditioning)의 희생자였다. 그런데 일상에서도 이러한 일이 일어난다. 나의 경우를 예로 들어보겠다.

어린 시절 아버지는 당신처럼 인명 구조원이 되기를 바라는 마음에 나를 수영 수업에 등록시켰다. 나는 매 여름마다 동네 수영장에서 열심히 연습을 해왔기에 약간의 강습으로도 실력은 빠르게 늘었고, 그 속도대로라면 금방 인명 구조원이 될 수 있을 것 같았다. 그런데 우리 가족은 예기치 못하게 새로운 도시로 이사했다. 이 변화가 내게는 일종의 거센 폭풍이 되었다. 새로운 도시에서의 수영 수업은 토요일 새벽 6시 차가운 야외 수영장에서 진행되었다. 나는 아침형 인간이 아니었다. 게다가 수업을 같이 받는 아이들은 모두 우수한 수영팀에서 함께 연습해온 사이였다. 뒤늦게 합류한 나는 그들과 어울리기가 쉽지 않았는데 설상가상으로 나는 반에서 가장 느렸다. 인명 구조원이 되기 위한 수영 시험*에서 합격점을 받지 못한 사람은 나뿐이었다. 격정적인 사춘기를 보내고 있던 나는 이내 의기소침해졌고 매주 수영 수업이 다가오면 걱정으로 몸이 아팠다. 수업 중에는 내가 외톨이에 낙오자라고 느꼈고, 수업이 끝난 뒤에는 그런 내가 참을 수 없을 만큼 한심했다. 그러다 보니 수영을 한다는 생각만 해도 고통스러운 지경에 이르렀다. 결국 나는 수영을 그만두었다.

당시 나는 수영을 생각하면 자동적으로 공포 뉴런이 작동해 편도체가 활성화되었다. 수영 뉴런과 공포 뉴런이 연결되면서 수영에 대한 가상의 위협이 탄생한 것이다. 이것이 공포 조건화의 놀라운 힘이다. 뇌의 작동 방식으로 인해 함께 활성화되는 뉴런들은 단단하게 묶이고, 여기에 편도체가 관여하면 공포라는 감정까지 뉴런에 끈끈하게 결합된다. 이렇게 공포는 빠르게 학습되고 쉽게 사라지지 않는다.

외상 후 스트레스 장애(PTSD)는 공포가 가장 극단적으로 조건화된 경우다. PTSD를 앓는 사람들은 자신이 겪었던 충격적인 사건을 악몽의 형태로 반복적으로 경험하고, 일상생활 속의 사소한 계기로도 사건이 떠올라 고통스러워한다. "자라 보고 놀란 가슴 솥뚜껑 보고 놀란다"라는 편도체의 행동 지침이 그대로 적용되는 것이다. 단,

---

* 인명 구조원이 되려면 10분 내에 400미터를 수영해야 한다.

PTSD로 인한 편도체의 작동은 "자라 보고 놀라는 것"에 비교할 수 없을 정도로 위협적인 경험에 기인한다. 그래서 그들은 단지 조심하는 정도를 넘어서서 죽음의 위협을 느낀다.

폴은 아프가니스탄 파병에서 장애를 얻고 PTSD까지 생겼다. 앞뒤, 양옆에서 떨어지는 포탄을 피하며 생사를 넘나들었던 경험을 한 이후로 그는 인파가 넘치는 곳을 의도적으로 피한다. 그러한 곳에 갈 때마다 전쟁의 고통스러운 기억이 머릿속에 떠오르기 때문이다. 폴만 그런 것이 아니다. 트라우마, 즉 정신적 외상을 입은 사람은 누구나 PTSD가 생길 수 있다. 자신이 겪었던 일과 비슷한 모든 상황에서 죽을 듯한 공포를 느낀다. 그게 끝이 아니다.

정신적 외상을 초래하는 사건은 나아가 편도체를 변형시킨다. 편도체는 이전보다 더 조심스럽고 부지런해지고, 훨씬 공을 들여 몸을 보호한다. 이를테면 화난 사람이 폴의 앞으로 걸어오면, 폴의 편도체는 다른 사람보다 훨씬 심한 공포감에 휩싸여 화난 사람이 지나간 후에도 초경계 상태를 유지할 가능성이 크다.[3] 편도체는 이렇게 조언할 것이다. "여기에서 멀리 떨어져야 해. 뒤늦게 후회하는 것보다는 조심하는 게 낫지."

트라우마에서 벗어나려면

이상한 점은 트라우마를 경험한 모든 사람에게 PTSD가 생기는 것은 아니며 공포를 경험한 모든 사람에게 불안장애가 발병하는 것도 아니라는 사실이다. 그들을 보호하는 것은 과연 무엇일까? 바로 회복을 도와주는 신경펩타이드 Y라는 신경 전달 물질이다.[4] NPY는 사람에 따라 생산하는 양이 다르다. 이를테면 닉의 뇌는 폴의 뇌보다 NPY를 많이 만들기에 닉은 화난 남자를 봐도 크게 두려워하지 않는다.[5] 즉, 공포 조건화에 덜 민감하다.[6] 그래서 닉도 폴과 마찬가지로 전쟁터에 있었지만, 그는 PTSD를 겪지 않았다.[7] NPY가 트라우마로부터 닉의 뇌를 보호한 것이다. 아마도 당신은 '내게도 NPY가 필요하다'라고 생각할 것이다. 다행히도 좋은 소식이 있다. 운동을 통해 NPY를 만들 수 있다는 사실이다. 어떻게 운동하면 NPY를 만들어 회복력을 기를 수 있을까?

한 연구는 12명의 젊은 남성 조정 선수를 대상으로 4주간 훈련 프로그램을 진행하며 그들의 NPY 변화를 추적했다.[8] 모든 운동은 가볍게 진행되었다. 실험 참가자들은 힘들지 않은 수준에서 노 젓기, 자전거 타기, 달리기를 수행했다. 근력 운동을 할 때는 최대 부하의 절반 정도 강도를 유지했다. 연구자들은 운동 전후로 NPY를 측정했고, 그 결과 일정한 강도로 운동하면 NPY가 즉각적으로 상승하며 30분 넘게 그 상태가 유지된다는 사실을 발견했다. NPY를 더 많이 생산하려면 반드시 운동을 해야 한다는 뜻이다.

아마 당신은 궁금해할 것이다. "얼마나 운동을 해야 하나요?" 위 사례에서 그들은 숙련된 조정 선수였기에 2시간을 훈련하고 NPY를 측정했다. 실망하기에는 이르다. 다행스럽게도 마음을 안정시키는 데는 그렇게 오랜 시간이 필요하지 않았다.

우리 연구소는 운동에 대한 심리적 저항을 낮추는 방법을 줄곧 탐색한 결과, 일주일에 세 번, 약함에서 중간 강도로 30분 동안 운동하면 불안을 충분히 잠재울 수 있다는 사실을 발견했다.[9] 실험에 참여한 모든 사람이 운동한 후에 불안 수치가 낮아졌고 안정감을 느꼈다. 그중에서도 불안장애 증세가 가장 심했던 집단이 다른 이들보다 많은 효과를 보았다. 운동은 불안장애 증세를 완화시키는 것은 물론이고[10] 일상에서 마주하는 사소한 불안까지 감소시켰다.[11] 에어로빅[12], 근력 운동[13], 요가[14], 태극권[15] 등 다양한 운동들이 불안 개선에 유효한 사실도 실험을 통해 입증되었다.

보통 불안장애는 노출 치료 기법으로 치료한다.[16] 안전한 공간에서 환자가 두려워하는 상황에 반복적으로 노출시키면서 위협이 실존하지 않는다는 점을 스스로 자각하게 하는 것이다. 이러한 기법은 공포 조건화를 효과적으로 제거하지만 노출 치료가 모든 사람에게 효과적인 것은 아니다. 증상이 개선될 때까지 아주 오랜 시간 치료를 해야 하는 경우도 있다. 이때 운동은 치료 기간을 줄이는 데 도움이 된다.[17]

평소 쉽게 불안해지고 걱정이 많은 편이라면 이 장의 마지막에 있는 '두려움을 이겨내는 하루 10분 트레이닝'을 해보라. 운동은 마음속 두려움을 약해지게 하고, 공포 조건화도 사라지게 할 것이다.[18] 과거에 몸을 잘 움직이지 않았다고 해도 괜찮다. 지금 시작하면 충분하다.

운동이 불안 민감성의 특효약

많은 사람들이 불안을 싫어한다. 하지만 세상에는 불안 그 자체에 대해 불안해하는 사람도 존재한다. 농담이 아니다. 불안 민감성으로 인한 것이다. 불안장애가 있다고 해서 불안 민감성까지 지니고 있지는 않지만 반대로 불안 민감성은 언제든지 불안장애로 발전할 수 있다.

운동은 불안 민감성을 훌륭하게 완화하는, 노출 치료 기법의 한 종류다.[19] 알렉시아의 예시를 보며 운동이 불안 민감성을 어떻게 치료하는지 살펴보자. 알렉시아는 신체적·정신적 문제가 있을 때마다 과도하게 걱정한다. 이를테면 다음과 같은 식이다.

- 가슴이 두근거리는 현상을 심장마비라고 여긴다.
- 가슴이 답답할 때마다 자신이 질식하는 중이라고 판단한다.
- 단지 집중할 수 없을 뿐인데 정신을 잃고 있다고 생각한다.

불안한 증상을 과장해 받아들이는 탓에 공황 발작이 일어날 가능성도 커진다. 이런 사람에게는 운동만 한 약이 없다. 운동만 해도 다른 치료 기법과 운동을 병행할 때만큼의 효과가 나타난다.[20] 문제는 알렉시아가 운동을 두려워한다는 것이다. 운동을 하면 금방이라도 죽을 것 같다고 느꼈다. 운동과 불안이 유발하는 신체적 느낌이 동일하기 때문이다. 그래서 알렉시아는 무슨 수를 써서라도 운동을 피하고[21] 불가피하게 몸을 움직여야 할 때는 최대한 덜 움직이려고 애쓴다.[22]

"조금이라도 하는 게 안 하는 것보다 낫다는 거죠?"라고 알렉시아가 물었다. 나는 "물론이죠. 하지만 고된 운동일수록 안정감을 더 많이 줍니다"라고 두려움으로 가득한 알렉시아의 눈을 보며 설명했다. 다른 불안 민감성 환자들처럼, 알렉시아도 강도 높은 운동을 너무나 무서워하는 나머지 운동을 떠올리기만 해도 곧바로 편도체가 작동했다. 실제로 위험 요소가 존재할 때처럼 스트레스 반응이 나타났다. 게다가 태생적으로 지니고 있는 불안 민감성이 상황을 더 악화시켰다. 편도체는 발생한 스트레스 반응을 2차 위협으로 인식하고, 그에 맞서기 위해 또 다른 스트레스 반응을 시작했다. 이렇게 악순환의 고리가 이어져 결국 공황 발작이 일어났던 것이다. 이는 내가 정확히 수영 수업에서 겪은 일과도 같다. 나는 알렉시아에게도 그런 일이 일어날까 봐 걱정되었다.

다행히도 그녀는 대화하는 동안 침착했고, 덕분에 나는 운동에 관한 훌륭한 연구 결과를 소개해줄 수 있었다. 공황 발작을 쉽게 일으키는 사람의 경우, 가벼운 운동보다 격렬한 운동이 훨씬 더 도움이 된다.[23] 고된 운동 자체가 그들에게 필요한 노출 치료이기 때문이다. 격렬하게 운동하면서 환자들은 심장이 뛰거나 숨이 가빠지는 등 자신들이 가장 두려워하는 증상에 노출된다. "안전한가요?"라고 알렉시아가 물었다. 나는 "그럼요!"라고 답했다.

최신 연구에 따르면 고강도 인터벌 트레이닝(HIIT)은 공황 장애를 극복하도록 도와준다.[24] 해당 연구진은 다음 순서로 고강도 인터벌 트레이닝을 진행했다.

• 1분 동안의 힘든 운동 → 1분 동안의 가벼운 운동 → 10회 반복

20분 동안 10회의 노출 치료를 받는 셈이다. 실험은 12일 동안 격일로 진행되었으니, 실험 기간 동안 환자는 총 60회의 노출 치료를 받은 것이다. 격렬한 운동을 할 때 환자의 심장은 최대 심박수의

77~95퍼센트 정도로 활발하게 뛰었다. 이렇게 집중적으로 치료한 결과, 환자의 공황 발작 심각도가 12일 만에 40퍼센트 감소했다. 몸의 움직임이 마음을 치료하다니, 정말 감동적이지 않은가?

여기에서 알아두어야 할 것이 있다. 애초 심사를 통과해 연구 대상이 된 환자는 총 18명이었다. 하지만 실제로 프로그램에 참여한 사람은 12명뿐이다. 다른 여섯 명에게 무슨 일이 일어난 것일까? 아마도 운동을 하고는 싶었지만 너무 두려워서 포기했을 가능성이 크다. 참가 예정자였던 폴린도 운동에 관심이 있었지만, 두려움을 이기지 못하고 결국 참여를 포기했다. 폴린은 연구원과 통화하며 이런 식으로 말하지 않았을까? "여보세요? 네, 맞아요. 제가 폴린이에요. 맞아요, 운동에 대한 연구에 참여하고 싶어요. 네, 그 시간이면 좋아요. 잠깐만요, 그렇게 힘든 운동을 열 번이나 해야 한다고요? 음… 저는 못하겠네요. 기회를 주셔서 정말 감사합니다. 부디 연구가 잘되길 응원하겠습니다. 다음에 약하게 운동해도 되는 연구가 있을 때 제게 꼭 알려주세요."

공황 발작을 앓는 사람에게 고된 운동은 공포의 대상이다. 나도 안다. 하지만 힘든 운동만큼 그들에게 잘 맞는 약도 없다. 나는 폴린이 고강도 운동을 하게 만드는 방법이 분명 있으리라 생각했다. 연구 끝에 공황 발작 환자가 좀 더 쉽게 접근할 수 있는 고강도 운동 방식을 고안했다. 이 장의 마지막 '두려움을 이겨내는 하루 10분 트레이닝'에서 좀 더 자세히 살펴보겠지만 대략 설명하면 이렇다. 먼저 편안하게 10분간 걷는다. 당신의 신체가 NPY를 분비하며 불안한 편도체를 진정시킬 것이다. 그다음에는 가능한 빠르게 걸으라. 그렇게 20초간 전력으로 걸으면 된다. 이러한 방법으로 운동하면 운동에 대한 공포감을 지나치게 불러일으키지 않으면서도 격렬하게 운동했을 때와 비슷한 효과를 누릴 수 있다.

새로운 운동 방식을 도입했더니 폴린이 참여했다! 처음에 폴린은 고강도 운동이 지속되는 시간을 10초에서 20초로 늘리는 데 전념했다. 충분한 준비 운동 시간과 회복 시간을 갖고 훈련했고 마침내 20초의 고강도 운동도 소화할 수 있게 되었다. 조금 더 시간이 흐르자 그녀는 고강도 운동 세 세트를 운동 루틴에 추가해도 무리 없을 정도가 되었다. 폴린은 점점 더 세트 횟수를 늘려나가 마지막에는 고강도 운동을 열 세트나 하게 되었다. 폴린은 완전히 달라졌다. 이제 그녀는 운동을 전혀 겁내지 않는다.

건강 염려증과 통증에 대한 두려움

많은 경우 PTSD는 전쟁으로 인해 생기지만, 신체 내부에서도 전쟁이라 할 만큼 중대한 사건이 일어난다. 이를테면 심장마비나 뇌졸중 등 생사를 넘나드는 경험이다. 이런 질병 경험을 한 사람은 몸이 자신을 배신했다고 여기며 다시 그런 일이 일어날까 봐 두려워한다. 심장마비 생존자의 약 15퍼센트,[25] 뇌졸중 생존자의 약 25퍼센트에게[26] PTSD가 생긴다고 추정된다. 이러한 일을 겪은 편도체는 모든 것을 세세히 검토하고 경계한다. 외부 세계만이 아니다. 심장이 뛰는 것, 가슴이 조이는 것, 숨이 찬 것 등 내부 세계의 모든 것에도 촉각을 곤두세운다.

심장마비를 겪은 후 칼은 내내 불안에 시달렸다. "도대체 내게 이런 일이 어떻게 일어난 걸까?"라는 의문이 칼의 머릿속을 떠나지 않았다. 불행히도 심장의 오작동으로 촉발된 칼의 PTSD도 일반적인 PTSD와 똑같이 작동했다. 칼은 심장마비를 경험하는 악몽을 되풀이해서 꾸었다. 그는 계단을 오르지 않았고, 정원도 가꾸지 않았으며, 심지어는 섹스도 하지 않았다. 가슴이 뛰는 느낌을 불길한 징조로 받아들이기 때문이다. 그러니 운동은 꿈도 꾸지 않는다.

칼만 그런 것이 아니다. 매년 80만 명의 미국인이 심장마비를 경험하지만 그중 3분의 1만이 재활 치료를 받는다.[27] 그들 눈에 운동이란 여전히 먼 세상 이야기다.[28] 그들은 운동이 너무나도 두려운 나머지 시도조차 하지 않는다.[29] 칼은 이렇게 고백한다. "운동을 하면 또다시 심장마비가 올 것 같아요. 그 불안함을 견딜 수가 없어요." 문제는 이렇게 공포를 피하고자 하는 행동이 칼을 또 다른 위험으로 밀어넣는다는 점이다. 살아가는 데 필요한 최소한의 운동도 하지 않으면 심장마비가 재발할 가능성은 더욱 높아지기 마련이다.[30]

만성 통증에 시달리는 5,000만의 미국인들도 비슷한 공포에 사로잡혀 있다.[31] 아무리 의사가 통증에 운동이 좋다고 권고해도 그들은 꿈쩍도 하지 않는다. 운동이 통증을 악화시킬까 봐 두렵기 때문이다.[32] 만성 통증이 있는 페트라는 자신의 내적 갈등을 이렇게 표현한다. "테니스를 치고 싶지만 다칠까 봐 겁이 나요." 통증에 대한 두려움은 운동에 대한 두려움도 덩달아 상승시킨다. 만성 요통 환자 50명을 대상으로 한 연구에서 입증한 사실이다.[33]

페트라는 그 연구 대상자 중 한 명이었다. 연구진은 헬스클럽의 운동 기구와 비슷하게 생긴 장치에 페트라를 앉혔다. 그리고 그녀에게 균형추를 다리로 가능한 빠르게 밀고 당기라고 지시했다. 활동은 지극히 안전했고 통증을 유발할 가능성도 거의 없었다. 하지만 연구원은 통증에 대한 두려움이 신체에 미치는 영향을 파악하기 위해 "운동이 잠시 동안 요통을 유발할 수 있습니다만 해롭지는 않습니다"라고 경고했다. 이 때문에 페트라는 운동이 요통을 악화시킨다고 믿게 되었다. 이 정도 작은 경고만으로도 페트라의 요통은 20퍼센트나 악화되었다. 심지어 긴장한 탓에 운동 반경은 더 좁아졌다. 그녀는 평소보다 힘을 내지 못했으며 더 빨리 지쳤다.

눈치챘겠지만 실제로 변한 것은 아무것도 없었다. 그저 운동이 고통스럽다는 페트라의 믿음이 실제로 고통을 일으켰을 뿐이다. 이것이 노시보 효과(nocebo effect), 즉 부작용에 대한 염려와 같은 부정적인 믿음이 실제로 부정적인 결과를 가져오는 현상이다. 안타깝게도 노시보 효과는 수세기 동안 불안증 환자의 치료를 어렵게 만든 주범이었다.

심장마비 환자 칼과 만성 통증 환자 페트라 모두 내재적인 두려움의 희생양이다. 둘은 언제든 상황이 나빠질지도 모른다는 강박에 시달리며 인생을 고통스럽게 보냈다. 다행히도 우리의 몸은 위험으로부터 스스로를 지킬 수 있는 강력한 방어 체계를 갖추고 있는데 이것이 바로 통증이다. 자신을 보호하는 것이야말로 통증의 실제 목적인 것이다. 두려움이 잠재적인 위협으로부터 멀리 떨어지는 데 도움을 준다면, 통증은 위험 요소를 빠르게 인식하게 해준다. 하지만 함정이 있다. 두려움과 통증이 서로 정보를 공유하는 탓에 두려울수록 통증이 커진다는 사실이다. 두려움을 느낄 때 만성 질환의 증상이 심해지는 이유다.

두려움은 어떻게 통증을 증폭시킬까

[🏋] 천식이나[34] 만성폐쇄성폐질환(COPD)과[35] 같은 만성 호흡기 질환을 앓는 사람들은 흔히 공황 발작도 함께 겪는다. 이들은 단순히 숨이 가빠지기만 해도 질식을 걱정한다. 또한 과민성 대장증후군(IBS)을 겪는 사람들은 두려움을 느끼면 평소보다 속이 뒤틀리는 증상이 더 심해지곤 한다.[36]

두려움은 어떻게 통증을 증폭할까? 답은 뇌에 있다. 만약 뇌가 없다면 몸이 100만 조각으로 갈갈이 찢어져도 통증을 느끼지 않을 것이다. 고통이 없는 세상이라니! 꿈만 같지 않은가? 하지만 실제로 그런 세상은 악몽이다.

선천성 무통각증(congenital analgesia)을 앓은 애슐린 블로커의 사례를 보면 알 수 있다. 애슐린 블로커는 신체의 손상을 뇌로 전달하는 특별한 신경인 통각수용체(nociceptor)가 부족하다. 그래서 통증을 느끼지 못하고, 상처가 생겨도 알아차리지 못한다. 발목이 부러졌지만 아무런 통증도 느끼지 못해 평소처럼 발목을 사용했고, 발목의 부상은 계속해서 나빠져 원래대로 회복할 수 없는 지경에 이르렀다.

다행히 선천성 무통각증은 100만 명 중 한 명만 걸리는 희귀한 질환이다. 대다수 사람들은 신체의 통증을 뇌로 전달하는 통각수용체가 충분히 있다. 축구를 하다가 정강이를 걷어차였다고 해보자. 충돌 직후 화들짝 놀라며 재빨리 다리를 빼는 행동은 척수의 반사 작용으로 한순간에 이루어진다. 이와 달리 뇌가 실제로 통증을 전달받는 데는 몇 초가 걸린다. 다친 부위에서 척추를 거쳐 뇌까지 통증 신호가 가는 데 시간이 걸리기 때문이다. 통증 신호는 통증 신경망을 거치며

정제되는데 이 신경망(neuro matrix)은 영화《매트릭스》처럼 아무것도 모르는 인간에게 현실을 각색해서 보여준다. 따라서 우리가 느끼는 통증 중 일부분만이 현실을 그대로 반영하며, 나머지는 뇌가 지어낸 환상에 가깝다.

통증은 뇌 신경망의 감각 핵(sensory core)에서 만들어지는데 이마저도 추상적이다. 체감각 지도(sensory homunculus)*라는 신체의 왜곡된 지도 때문이다. 체감각 지도는 신체를 실제 크기가 아닌 뇌의 감각 피질과 운동 피질이 담당하는 영역을 기준으로 표현한 것으로, 특정 감각 기관이 민감할수록 큰 범위를 차지한다. 상처가 나면 그 주위의 통각수용체는 체감각 지도라는 왜곡된 지도상의 좌표로 신호를 보내 손상의 크기와 범위를 두뇌에 알리는 것이다. 또한 통증 중에서 환상에 가장 가까운 감각은 뇌 신경망의 감정 중추(emotional core)에서 만들어지는데 여기서도 통증 신호가 증폭된다. 구체적으로 감정 중추는 세 종류의 뇌 영역으로 구성되어 있다.

1 **섬엽**: 항상성이 깨지는 것을 무서워한다.
2 **편도체**: 신체의 손상에 공포로 반응한다.
3 **배측 전방대상피질**(dACC, dorsal Anterior Cingulate Cortex)**: 섬엽과 편도체의 반응을 결합해 통증이 얼마나 끔찍한지를 평가한다.

---

* 캐나다의 신경외과 의사 윌더 펜필드가 만든 '호문클루스'가 대표적인데, 이는 라틴어로 작은 사람이라는 뜻이다. 상대적으로 얼굴과 손발이 두드러지게 크고, 나머지 부위는 작은 모습을 하고 있다.
** 전전두피질의 한 영역인 전방대상피질의 위쪽 부분으로, 불안과 고통을 느낄 때 활성화된다.

이때 dACC는 우리를 무척 혼란스럽게 만드는 작업도 수행한다. 바로 통각수용체의 통증 신호를 높이는 일이다. 때문에 우리는 이전보다 아프다고 느낀다. 다친 부위는 똑같고 그대로인데 말이다. 이렇게 정신이 현실을 압도하면서 우리는 현실과는 무관한 통증 강도를 경험한다.

두려움은 감정 중추의 섬엽과 편도체 그리고 dACC를 통해 통증을 증폭시키기에 어딘가를 다쳐 서럽다고 느끼거나[37] 누군가가 의도적으로 자신에게 고통을 가했다고 생각하면[38] 더 아픈 것이다. 앞선 페트라의 경우처럼 통증을 언급하기만 해도 고통이 더해지는 원리도 이와 같다.[39]

두려움과 통증을 없애는 사고방식

두려움이 통증을 유발한다면, 반대로 두려움을 줄여서 통증도 줄일 수 있지 않을까? 이것이 플라시보 효과(placebo effect)의 전제다. 실제로 통증이 감소될 만한 치료법이 아니어도 환자의 긍정적인 믿음으로 인해 통증이 완화되는 효과가 발생한다는 것이다.

이 말을 들은 당신은 "만성 통증 환자에게도 플라시보 효과가 발생하는 경우가 있다고?"라며 호기심을 보일 것이다. 나의 대답은 "그렇다"이다. 페트라는 노시보 그룹에 속했지만, 플라시보 그룹에 배정된 이들도 있었다. 연구진은 그들에게 운동이 통증을 악화한다는 설명 대신 "움직임은 요통을 악화하지 않습니다"라고 말했다. 놀랍게도 이런 사소한 안심의 말만으로도 그들의 통증은 24퍼센트나 줄었다.[40]

플라시보 그룹은 통증이 완화되기라도 한 듯 움직일 때 운동 반경도 넓었다.

뿐만 아니다. 보통 스트레스는 혈관을 수축하고 혈류를 느리게 만들지만, 스트레스가 긍정적인 작용을 한다고 믿은 한 연구의 참가자들은 그러한 영향을 받지 않았다.[41] 또한 부정적인 단어(공황 상태에 빠진, 불안정한, 무가치한, 두려운)에 얽매이는 부정성 편향(negativity bias)도 사라졌다. 이 연구는 스트레스에 대한 인식 변화가 스트레스 부작용을 감소시킬 뿐 다른 긍정적인 효과를 내지 않는다는 점을 명확히 하는데, 이는 긍정적인 마인드셋이 무분별하게 강요되는 상황을 미연에 방지한다.[42]

위 연구에서 볼 수 있듯 운동을 인지하는 방식을 바꾸면 '강인한 신체'라는 목표를 향해 훨씬 수월하게 나아갈 수 있다. 이 방법으로 나는 인명 구조원 수영 시험을 더 이상 두려워하지 않을 수 있었다. 10대 시절에 하기 싫은 수영을 억지로 했던 탓에 아주 오랫동안 수영을 떠올리기조차 싫었다. 그러던 어느 날, 아버지가 갑작스레 심장마비로 돌아가셨다. 아버지와의 일들을 돌이켜보는 과정에서 아버지처럼 인명 구조원이 되지 못한 일이 내 뇌리를 떠나지 않았다.

나는 다시 도전하기로 마음먹고 수영 수업을 신청했다. 최대한 성공 가능성을 높이고자 내가 선호하는 저녁 시간대에 온수풀에서 하는 수업으로 골랐다. 지난 20년 동안 수영을 할 때마다 나는 다른 사람보다 실력이 뒤처진다는 느낌을 지울 수 없었다. 그러나 이번에는 남과의 비교 따위는 하지 않았다. 마침내 제한 시간 내에 들어오는 훈련을 하는 날이 왔다. 그런데 그 훈련을 마주하자마자 내 마음은 13살 때로 돌아갔다. 두려움에 몸이 벌벌 떨렸다. 공황이 올 것만

같았고, 어딘가 아픈 것 같았고, 나 자신을 믿을 수가 없었다. 하지만 나는 과거의 내가 아니었다. 이제 긍정의 힘을 활용할 줄 아는 사람이었다. 나는 "준비는 끝났다. 하나도 두렵지 않다. 이제 단지 하는 일만 남았다"라고 되뇌며 스스로를 안심시켰다. 휘슬이 울리고 나는 두렵지 않다는 구호를 속으로 수도 없이 반복하며 젖 먹던 힘까지 짜내 앞으로 나아갔다. 그 결과, 나는 놀랍게도 제한 시간을 몇 분이나 남겨두고 2등으로 들어왔다.

그리고 그달 말, 우연히 올림픽 배영 100미터 금메달리스트인 마크 툭스버리와 함께 두뇌 건강에 대해 이야기를 나누는 강연에 초대받았다. 무대에 오르기 전에 마크에게 내 이야기를 들려주니, 그는 다 안다는 미소와 함께 자기도 새롭게 사고방식의 틀을 짠 덕분에 금메달을 딸 수 있었다며 나의 일화에 공감해주었다.

마크는 올림픽에 출전한 캐나다 선수 중 자신이 동성애자임을 고백한 최초의 선수다. 물론 그 결정을 내리기까지는 긴 시간이 필요했다. 고백으로 대중들이 자신을 외면할지도 모르는 상황이 겁났기 때문이다. 세상에는 성정체성이나 성적지향과 관련된 차별이 두려워 스포츠를 즐기지 못하는 이들이 많다. 스포츠에 참여하더라도 안전하지 않다는 느낌 때문에 마크처럼 진정한 자기 모습을 숨기기도 한다.[43] 안타깝게도 이런 차별과 소외, 오명에 대한 대한 두려움은 건강의 격차로도 이어진다. 미국심장협회는 LGBTQ의 심장 질환 위험도가 다른 집단에 비해 높다고 경고한 바 있다.[44]

대부분의 LGBTQ가 건강을 유지하는 데 필요한 만큼 운동을 하지 못한다. 운동하는 동안 심리적인 고통을 감내해야 하기 때문이다.[45] 신체에 대해 조롱받아본 사람이라면 이 두려움을 잘 알 것이다.

비만 혐오 사회인 오늘날에는 많은 사람들이 사회적 체형 불안(social physique anxiety)을 겪는다. 자기 몸이 사회에서 부정적으로 평가되면서 불안을 겪는 증상이다. 내 친구 앤도 사회적 체형 불안을 지니고 있다. 사회의 기준으로 평가했을 때 앤은 과체중이다. 그녀는 운동을 하고 싶어 하며, 심지어 운동 계획까지 세웠지만 다른 사람들이 자기 몸을 우습게 볼 것이라는 생각에서 도저히 벗어날 수 없었다. 운동복을 입었을 때 뚱뚱하게 보일까 봐 걱정했고 때문에 아무도 자신을 볼 수 없는 밤에 운동할 계획이었다. 하지만 운동을 한다는 생각만으로도 너무 고통스러웠고 결국은 시작조차 하지 못했다. 여기서 도출할 수 있는 결론은, 앤이 느끼는 심리적 고통에 대한 두려움과 칼과 페트라가 느끼는 신체적 고통에 대한 두려움이 비슷하다는 것이다.

몸의 고통 vs 마음의 고통

"몽둥이와 돌로 내 뼈를 부러뜨릴 수 있어도 말로는 절대 나를 상처 입힐 수 없다"라는 오래된 격언이 있다. 그러나 이 말은 틀렸다. 사실이 아니라는 점을 너무나 쉽게 입증할 수 있다.

상사가 조롱하거나, 동료들이 무시하거나, 진급에서 누락되었던 때를 생각해보라. 기분이 어땠는가? 사실 심리적 고통은 육체적 고통에 못지않게 큰 상처를 준다. 참가자들에게 사회적으로 거부를 당하거나 육체적으로 부상을 당한 때를 떠올린 후 종이에 적으라고 지시한 연구를 살펴보자.[46] 이 연구에 참여한 어느 여성은 연인과 고통스럽게 결별한 경험을 적었다. "그는 나와 함께하는 생활이 그의 인생에서 무가치하다고 말했다." 그녀는 끔찍한 조정(漕艇) 사고에 관해서도 적었다. "노를 저을 때마다 수천 개의 못이 허벅지에 박히는 느낌이었다." 그녀는 사건이 일어났던 시기에는 각 경험이 똑같이 고통스러웠다고 했지만, 시간이 지난 지금은 믿었던 연인과의 결별이 더 힘겹게 느껴진다고 말했다.

또 다른 연구는 사회적 거부가 통증 신경망에 어떤 영향을 미치는지 조사했다. 연구자들은 참가자들의 사기를 꺾고 심리적인 고통을 주는 아주 영리한 실험을 설계했다. '사이버 볼'이라는 공 돌리기 게임이었다.[47] 참가자 안젤라는 두 명의 다른 참가자 데이비드, 트로이와 함께 게임을 한다고 알고 있었다. 하지만 데이비드와 트로이는 사실 연구를 돕는 관계자였다. 게임이 시작되면 데이비드는 안젤라에게 공을 던지고, 안젤라는 트로이에게 던지고, 트로이는 다시 데이비드에게 공을 던진다. 세 명이 순서대로 공을 주고받는 상황이 세 번 이어진 뒤 아무런 예고 없이 데이비드와 트로이가 안젤라를 게임에서 배제한다. 안젤라는 그저 데이비드와 트로이가 공을 서로 주거니받거니 하는 모습을 지켜볼 뿐이다. 안젤라는 "이봐요, 저한테 공을 줘야죠!"라고 외치지만 그들은 들은 척도 하지 않는다. 안젤라는 그렇게 실험이 끝날 때까지 몇 분 동안 철저히 무시당한다. 실험을 마친 후 연구원들은 그제서야 안젤라에게 데이비드와 트로이가 참가자가 아니었다는 점을 설명했는데, 그때는 이미 안젤라가 상처를 크게 입은 후였다. 안젤라의 통증 신경망에 있는 dACC의 스위치가 켜진 것이다. 앞서 dACC가 통각수용체의 통증 신호를 높인다는 설명을 기억하는가? 이는 마음의 통증에도 똑같이 반응한다. 거부[48], 슬픔[49], 불안과[50] 같은 부정적 감정이 신체적 통증까지 유발할 수 있는 것이다.

호흡으로 몸에 집중하기

[H] 이제 불안을 없애기 위해 머리에서 벗어나 몸으로 들어가자. 호흡에 집중하기만 하면 누구나 쉽게 할 수 있다. 아마 당신은 의심의 눈초리로 나를 쳐다볼지도 모른다. 하지만 신경과학적 증거가 이 방법의 효과를 뒷받침한다.

명상이나 요가를 해본 적이 없는 26명의 사람들을 모집해 호흡을 가르친 연구를 살펴보자.[51] 참가자들은 2주 동안 바른 자세를 유지하며 배의 오르내림과 숨을 들이쉬고 내쉬는 감각을 느끼고 호흡에 집중하는 법을 배웠다. 이후 연구진은 참가자들에게 무서운 사진을 보여준 후, 호흡 기법을 사용했을 때와 사용하지 않았을 때 신체 반응이 어떻게 달라지는지를 분석했다. 놀랍게도 호흡에 집중하면 편도체의 활동이 감소해 두려움이 줄어들었다. 이뿐만이 아니다. 두뇌에서 합리적인 사고를 담당하는 영역인 전전두피질을 기억하는가? 호흡에 집중할 때는 전전두피질의 활동이 증가하면서 비관적인 생각이 줄었다. 전전두피질이 편도체를 달래면서 마음이 평온해진 셈이다. 또 다른 연구에서도 호흡에 집중하면 통증이 완화된다는 사실이 증명되었다.[52]

호흡에 집중할 때 불안한 마음이 금방 가라앉는 이유는 무엇일까? 우리의 정신은 한 번에 하나에만 집중할 수 있어서, 정신이 신체(호흡)에 집중할수록 걱정에는 신경을 덜 쓰게 되는 것이다. 요가[53], 태극권[54], 필라테스와[55] 같은 운동은 본래 호흡법을 강조하는 운동이지만 그렇지 않은 유산소 운동에도 호흡법을 적용할 수 있다.[56] 이 장 끝 운동 프로그램 코너에 근력 운동에 호흡 기법을 적용한 운동을 실어놓았으니 참고하길 바란다.

사실 자신의 마음을 챙길 줄 아는 사람들이 운동도 더 꾸준히 실천할 가능성이 크다.[57] 이것은 역으로 대다수 사람에게 운동이 해롭지 않다는 궁극적인 진실을 말해준다. 칼, 페트라, 앤 그리고 나에게 그랬듯, 운동은 당신에게도 해롭지 않을 것이다. 운동은 언제나 우리가 가장 두려워하는 결과와 정반대로 작용한다. 칼은 운동을 하면서 심장을 튼튼하게 만들었고, 페트라는 통증을 완화했다. 앤은 체중을 자기 의지대로 조절했고, 나는 불안으로부터 해방되었다.

이 장 초반에 이야기했듯이 나는 단거리 전력 수영을 하는 동안 호흡 집중 기법을 사용했다. 호흡으로 극심한 공포에서 해방된 내 마음은 눈앞의 시합에 몰입하기 시작했고, 나는 경기를 성공적으로 마칠 수 있었다. 수영은 운동할 때 발생하는 공황 발작을 치유했을 뿐만 아니라 내 몸을 한층 더 건강하게 단련시켰다. 그럼에도 미래에 어떤 일이 일어날지는 여전히 확신이 없었다. 그런 불확실성은 사람을 미치게 한다. 운명의 신이 내 마음을 읽기라도 했던 걸까? 내게 딱 맞는 계획이 나를 기다리고 있었다.

어느 날 운동이 끝난 후 코치에게 전화가 왔다. 그녀는 내게 자신이 그리는 계획을 말해주었다. 나는 그녀가 무슨 소리를 하는지 도무지 이해할 수가 없었다. 갑자기 하프 철인3종 경기에 참여하라니! 하프 철인3종은 당시 내가 헤엄친 거리의 네 배를 가야 했다. 두려움에 몸이 떨려왔다. 하지만 침착하게 생각해보니 이는 어쩌면 나를 운동에 몰입시켜줄 최고의 기회일지도 모른다는 생각이 들었다. 나는 "음, 좋아요"라고 말하며 마지못해 수락을 했다. 사실 두려움 말고는 잃을 게 없지 않은가?

두려움을 이겨내는 하루 10분 트레이닝

- 난이도: 초급
- 뇌과학적 목표: 과민한 편도체를 진정시키기
- 마인드셋: 온 신경을 몸에 집중하자

월	화	수	목	금	토	일
걷기	마음챙김 운동	변형 걷기 1	휴식	변형 걷기 1	체력 회복 운동	휴식

◆ 마음챙김 운동

5분간 천천히 걸으면서 몸을 푼 뒤, 1~7번까지의 동작을 정해진 횟수만큼 반복한다. 그다음 2분간 휴식한다. 이때 호흡에 의식적으로 집중한다. 만약 운동이 쉽게 느껴지면 각 동작 횟수를 15회로 늘리고 전체를 3회 반복한다. 혹은 다음의 '변형 걷기 1'을 한 세트로 묶어 2회 한다.

순서	종류	횟수	참고
1	팔 돌리기 (앞으로)	10회	296쪽
2	팔 돌리기 (뒤로)	10회	296쪽
3	앞발 차기	한쪽당 10회	288쪽
4	고관절 열기	한쪽당 10회	258쪽
5	사이드 스텝	한쪽당 10회	282쪽
6	발꿈치 걷기	10회	274쪽
7	발끝 걷기	10회	275쪽
마무리	휴식	2분	-

◆ 변형 걷기 1

1. 편안한 걸음걸이로 호흡에 집중하며 20분간 걷는다.

2. "스트레스 반응은 내 삶에 도움이 된다"라고 생각하며 20초간 전속력으로 달린다.

3. 다시 편안한 걸음걸이로 걷는다. 이런 방식으로 서서히 전력 질주 횟수를 10회까지 늘린다.

3장

강철 같은 몸에 강철 같은 멘탈이 깃든다

누구든 그의 신발을 신고
1마일을 걸어보기 전에는
그 사람에 대해 판단하지 말라.

_인디언 속담

당신은 마침내 두려움을 극복하고 운동을 즐기게 되었다. 그러나 바쁜 일상 때문에 운동을 건너뛰는 날이 생기기 시작한다. 한두 번 운동을 건너뛰니 게으름은 걷잡을 수 없이 커지고, 결국 또다시 운동하지 않는 삶으로 돌아온다. 그러다 몇 개월 후, 어느 날 당신은 가슴에 느껴지는 묵직한 통증에 놀라 벌떡 일어선다. 심장마비인가 싶어 병원에 가보지만 의사는 이상이 없다고 진찰한다. 그러나 집에 도착하기가 무섭게 증상이 다시 발생한다. 그것도 전보다 훨씬 강하게.

"심장이 아니라 뇌가 문제입니다. 직장에서 스트레스를 많이 받으세요?"라고 의사가 묻는다. "그렇죠"라고 당신은 인정한다. "하루 두 알씩 드세요"라고 의사가 항우울제를 처방해주면서 말한다. '내가 우울증이라고? 정신이 아프다고 생각해본 적은 없는데….' 항우울제를 보며 당신은 혼란에 빠진다. 별 수 없어 의사의 말대로 약을 먹지만, 이상하게도 약은 아무런 효과가 없다. 도저히 나아질 기미가 안 보이는 상황에 당신은 서서히 지치고 기분이 우울해진다.

소파에 쓰러져 텔레비전을 켜니 마이클 펠프스가 자신의 정신질환에 관해 털어놓고 있다. 그는 수영이 자신의 우울증을 치료하는 데 도움이 되었다고 이야기한다. 그 말을 들은 당신은 운동화를 주섬주섬 찾는다. 운동화를 신고 끈을 묶어보지만 기운은 없다. 스스로를 간신히 설득해 동네 한 바퀴만 뛰기로 한다.

운동을 하니 기분이 너무나도 상쾌하다. 한동안 이 기분을 잊고 있었다. 당신은 운동 후 느껴지는 상쾌함을 맛보고자 그다음 날도 뛰었다. 그렇게 뛰는 날이 나흘이 되고 열흘이 되었다. 매일 밖으로 나가 조깅을 한 지 몇 개월이 지난 어느 날, 당신은 기분 좋게 잠자리에서 일어나며 당신의 삶에 운동이 절실했다는 진실을 깨닫는다. 그 뒤 당신은 하루 중 운동 시간만큼은 반드시 사수한다.

운동을 하면 할수록 우울한 감정은 줄어들고, 결국 당신은 예전의 건강한 삶을 되찾을 것이다. 이 장에서는 우울증의 진정한 해결책이 약물이 아니라 운동인 이유를 배운다.

강박장애를 앓다

[ᛁᛁ]⠀⠀⠀⠀⠀⠀2월의 추운 아침이었다. 잠이 덜 깬 채로 간이 식탁에 앉아 있던 내게 엄마가 갓 내린 뜨거운 커피를 건넸다. 우리는 식탁에 앉아 조용히 커피를 마셨다.

엄마는 내가 동네 YMCA에서 4시간 넘는 철인3종 경기 훈련을 받는 동안 손녀를 돌봐주셨다. 엄마 집까지는 걸어서 1시간 30분이 걸렸지만, 격주로 있는 주말 훈련마다 나는 딸을 데리고 갔다. 몸을 거의 움직이지 않는 과거의 나였다면 상상도 못할 일이었다.

지난 2개월간 나는 어떻게 시간이 흘렀는지 모를 정도로 바쁘게 지냈다. 세 개의 강의를 맡으면서 연구소의 책임자로 일했고, 아이를 키우면서 하프 철인3종 경기 훈련도 했다. 뿐만 아니라 국제 신경심리학회 등 각종 세미나에 참석하기 위해 종종 출장도 다녔다. 학회에서는 운동이 뇌 건강에 미치는 긍정적인 최신 연구 결과를 발표했지만, 정작 내 뇌는 누적된 피로로 금방이라도 터질 듯했다. 당장이라도 탈진할 것 같은 상태였다.

이러한 상황은 7년 전 어느 겨울 날과 똑같았다. 아이를 낳은 지 4개월이 지났던 그때도 몸과 마음이 탈진해 있었다. 인생의 가장 멋진 경험일 것이라 믿었던 육아가 너무나도 힘들고 괴로웠다. '엄마'라는 새롭고 강렬한 스트레스는 대학원생부터 발현된 내 머릿속의 악마를 깨웠고, 그 악마는 소중한 사람들을 아프게 하라고 속삭였다. 겉으로는 차분하고 자신감이 넘치는 사람으로 보였지만, 속에서는 섬뜩하고 충동적인 생각과 매일매일 사투를 벌였다. 그러다 보니 항상 불안이 극에 달해서 숨을 쉬기가 힘들었다. 도움이 절실했다.

결국 남편에게 눈물을 흘리며 고충을 털어놓았고, 이야기를 들은 남편은 의사를 만나볼 것을 권했다. 의사는 내가 강박장애(OCD, Obsessive Compulsive Disorder)를 앓고 있다고 아주 손쉽게 진단했다. 원치 않는 생각과 두려움 때문에 특정 행동을 반복하는 질환이었다. 나는 도저히 믿을 수가 없어 "다른 사람도 이런 증세가 있단 말인가요?"라고 말이 튀어나왔다.

신경과학자인 나는 모든 정신질환이 생물학적 기능장애에서 비롯된다는 사실을 그 누구보다 잘 알고 있었다. 하지만 그 질환을 아는 것과 앓는 것은 다른 문제였다. 머리로는 이런 상황이 뇌의 배선 결함 때문에 발생한다는 것을 알았지만 정신이 만들어내는 환상 때문에 도무지 내가 알고 있는 것과 현실에 집중할 수가 없었다.

상황이 이렇게까지 악화된 데는 정신질환에 대한 구체적인 공부를 의도적으로 피한 내 책임도 있었다. 초등학교 때 동갑내기 친구가 수막염으로 죽은 뒤로 나는 항상 건강염려증에 시달렸다. 두통만 생겨도 삶의 마지막을 맞이하는 게 아닐지 걱정했고, 배가 아프면 맹장이 터졌다며 부모님께 병원에 데려가달라고 고집을 부렸다. 그러나 막상 몇 시간을 기다려 진찰 순서가 왔을 때 통증은 어디론가 사라지고 없었다. 꾀병이 아니었지만 이유를 설명할 수는 없었다.

그 후 대학에서 뇌를 공부하면서는 모든 정신질환 수업을 피했다. 나 스스로가 정상이 아니라는 것을 어렴풋이 알았고, 그 사실을 명명백백한 이론으로 마주하기 두려웠기 때문이다. 교과서를 피해 다녔지만 애석하게도 결국 나는 강박장애의 교과서적인 사례가 되고 말았다.

항우울제, 이래도 쓰시겠습니까

오늘날 의사들은 정신질환을 여전히 구시대적인 의료 관행대로 치료한다. 우울증, 불안, 강박장애 등 대부분의 기분장애를 오로지 환자가 말하는 증상에 기반해 진단하고 치료한다. 신체질환의 치료와는 딴판이다.

이를테면 가슴 통증으로 병원에 갔다고 생각해보자. 의사는 우선 증상의 근본 원인을 찾기 위해 일련의 검사를 진행한다. 심장이 문제인지, 폐가 문제인지, 소화관이 문제인지 알아보는 것이다. 이후 문제의 원인을 발견하면 그에 맞게 치료법을 처방한다. 예컨대 궤양 검사에서 양성 반응이 검출되었다면 고혈압, 협심증 등에 쓰이는 베타차단제가 아닌 궤양 치료제를 쓰는 식이다.

이러한 신체질환의 치료 과정은 우리에게 지극히 당연한 것으로 받아들여진다. 하지만 정신질환인 우울증의 경우는 다르다. 의사는 그 어떤 검사도 없이, 그저 환자의 이야기만 듣고 곧바로 항우울제를 처방하곤 한다.

나 또한 이러한 경험을 한 적이 있다. 대학원 시절, 나는 수업 중에 갑자기 욕을 하거나 물병을 들어 동료의 얼굴을 치고 싶다는 충동과 싸워야 했다. 뇌의 어딘가가 잘못되어 미쳐가는 게 분명했기에 학교 심리상담센터의 정신과 의사를 찾아갔다. 나는 의사에게 있는 그대로 상황을 털어놓는 것이 어색하고 어려워 증상을 실제보다 덜 심각하게 묘사했다. 그랬더니 의사는 나를 범불안장애로 진단했다. 더 개탄할 일은 그가 '불안장애'라는 단어를 입에서 꺼내기 전에 항우울제 처방전부터 건넸다는 사실이다.

오늘날의 항우울제 처방 관행은 정신질환의 대표적인 치료법이 되었다. 프로작, 졸로프트, 팍실 등 항우울제가 세계에서 가장 널리 처방되는 약 중 하나인 사실을 봐도 그렇다.

지난 20년 동안 항우울제 처방률은 가파르게 증가했고 특히 질병에 포함되지 않는 가벼운 우울증에서 두드러지게 나타났다.[1] 우울한 기분은 정말 약물로 치료해야 하는 비정상적 상태일까? 대개 항우울제는 득보다 실이 되는 경우가 더 많기에 남용되어서는 안 된다. 항우울제와 관련된 다음의 세 가지 문제를 생각해보자.

1. 10대 환자의 자살률을 높인다

모두에게 해당되는 일은 아니지만 때로 항우울제 과다 처방은 끔찍한 부작용과 금단 증상을 유발한다. 사람이 스스로 목숨을 끊게 만들기도 하는 것이다.

당신은 이렇게 물을 것이다. "자살이라고요? 그건 항우울제가 막아야 하는 일이 아닌가요?" 맞다. 하지만 항우울제의 자살 방지 효과는 25세를 넘은 사람에게만 해당된다. 어린이나 10대 환자가 항우울제를 복용하면 오히려 자살에 대한 충동이 증가할 가능성이 크다. 이러한 부작용을 사람들에게 인지시키고자 미국 식품의약국은 항우울제에 블랙박스 경고*를 필수적으로 표시하도록 규제하고 있다.[2]

2. 항우울제를 복용해도 10명 중 3명은 아무런 효과가 없다

실제로 항우울제를 복용한 세 명 중 한 명은 아무런 약효를 누리지 못한다는 사실이 조사로 밝혀졌다.[3] 전 세계 우울증 환자[4] 약 2억 6,000만 명 중 8,500만 명이 열심히 약을 복용하는데도 차도가 없는 셈이다. 이는 거꾸로 생각해보면 항우울제를 남용해 처방하는 문제

---

* blackbox warning, 박스형 경고문이라고도 한다. 약물 사용의 혜택보다 이상반응으로 인한 위험이 더 크거나 약물을 적절하게 사용해야 심각한 이상반응을 피하거나 줄일 수 있는 경우에 의약품 제품 설명서에 검은색 박스로 표기하는 것을 말한다.

라고도 볼 수 있다.

예컨대 팸은 감정 기복이 커지고 불안과 환각 증세가 생겨 여러 전문의에게 도움을 구했다. 그녀가 만난 의사는 다양했지만 그들은 하나같이 항우울제를 처방했다. 그러나 증상은 아무리 약을 먹어도 나아지지 않았고, 그녀는 원인을 모른 채 수년간 우울의 늪에서 고통스럽게 지낼 수밖에 없었다.

팸의 고통은 정밀 검사로 증상의 원인을 발견해 제거하자 허무할 만큼 간단히 사라졌다. 그녀의 정신질환은 희귀하지만 치료가 충분히 가능한 포르피린증(porphyria)이라는 유전 질환 때문이었다.[5] 이를 치료하지 못했기에 항우울제가 아무런 효과도 내지 못했던 것이다.

이는 팸만의 이야기가 아니다. 항우울제가 치료할 수 없는 다양한 기분장애가 존재하지만, 많은 의사들이 이러한 질환에 무분별하게 항우울제를 처방한다. 때문에 환자들은 이유도 모른 채 고통 속에서 허우적댄다.

3. 가벼운 우울은 오히려 인생에 도움이 된다

근본적으로는 우울의 실용성에 대해서도 생각해볼 수 있다. 가벼운 우울감은 문제 그 자체를 해결하도록 도와주므로 오히려 인생에 도움이 된다는 사실이다.[6]

영화배우 드웨인 존슨은 인생에서 우울증을 앓던 시기 덕분에 새로운 계획을 세울 수 있었다고 이야기한다. 대학 졸업 직후 그는 미식축구 선수가 되고 싶었지만 NFL* 프로팀 선수로 선발되지 못했

---

* 미국 미식축구 프로 리그로 미국 내에서 가장 인기가 많은 스포츠 리그다.

고, 심지어 캐나다 미식축구 리그에서도 외면당했다. 미식축구 선수라는 그의 꿈은 그렇게 끝이 났다. 인생의 목표를 잃은 존슨은 우울증에 빠진 채 지하실에 틀어박혀 침잠했다. 이 시기는 그의 인생 최악의 암흑기였지만, 덕분에 그는 배우라는 새로운 길을 찾아 뛰어들었고 결국 어마어마한 출연료를 받는 스타가 되었다. 그는 조언한다. "힘든 시기일수록 당신의 신념을 지키고 고생 끝에 낙이 온다고 믿어라." 뇌가 부정적인 감정에 천착해 기분을 가라앉게 하는 순간에도 우리는 기분을 나쁘게 만드는 그 상황을 개선하려고 필사적으로 노력한다.

우울증의 원인은 따로 있다

🏋 항우울제는 세로토닌*이 지나치게 적게 분비되는 증상만 치료한다. 문제는 아직도 세로토닌 결핍이 모든 기분장애를 유발한다고 가정하고 있는 낡고 고루한 의료 관행이다. 분명히 잘못된 치료 방식이지만 이를 반증하는 후속 연구는 아직까지 없다.

세로토닌은 심리적인 고통에 전문적으로 대처하는 뇌 화학물질로, 신경망 전체에 진정하라는 메시지를 보내 우리의 마음을 가라앉힌다. 세로토닌이 작용하는 방식은 다음과 같다.

• 감정, 수면, 식욕 등의 조절에 관여하는 신경 전달 물질의 일종으로 감정, 수면, 식욕 등의 조절에 관여하여 행복감을 높여주고 우울감과 불안감은 줄여준다.

1   뉴런 A와 뉴런 B는 시냅스라고 불리는 작은 간극으로 나뉘어 있다.
2   뉴런 A가 시냅스로 세로토닌을 분비하면 세로토닌은 뉴런 B의 수용체와 결합해 뉴런 B를 흥분시킨다.
3   더 많은 세로토닌이 수용체와 결합하면 뉴런이 활성화 상태로 바뀌면서 우리의 기분이 좋아진다. 반면 세로토닌이 부족하면 뉴런을 활성화할 수 없어 슬픔을 느낀다.

항우울제의 작동 기전은 시냅스에서 세로토닌을 흡수해 다시 뉴런 A로 보내는 세로토닌 전달체(SERT, serotonin transporter)의 대사를 방해해 세로토닌 수치를 높이는 것이다. 즉, 항우울제는 SERT를 차단해 세로토닌의 재흡수를 막기 때문에 선택적 세로토닌 재흡수 억제제(SSRI, Selective Serotonin Reuptake Inhibitor)라고 불리기도 한다. 그렇다면 세로토닌 수치가 정상임에도 발생하는 우울증의 정체는 무엇일까?

정신질환의 진짜 원인은 염증

정신질환의 진짜 원인은 뇌의 염증에 있다. 염증에 대해서는 아마 한 번쯤 들어보았으리라 생각한다. 염증은 면역세포가 감염으로부터 신체를 보호할 때 나타나는 반응이다. 사이토카인(cytokine)은 면역세포로부터 분비되는 단백질 면역조절제로 부상이나 감염을 탐지하면 경보를 울려 면역세포들을 문제 지점으로 호출한다. 상처가 났을 때 빨갛게 붓는 이유가 바로 그 부위에 많은 혈액이 몰리기 때문이다.

염증은 뇌를 포함한 모든 신체 부위에서 생길 수 있다. 만약 뇌에 염증이 생기면 환자는 아직 진단을 받지 않았음에도 병증으로 인한 질병 행동을 보인다. 스스로 모든 에너지가 소진되었다고 생각하고, 반사회적인 행동을 보이며 우울에 빠진다. 기진맥진한 채 홀로 집에 박혀 침대에서 넷플릭스를 몰아 보는 사람을 머릿속으로 그려보라. 질병 행동은 환자를 다른 사람들로부터 격리하고 질병이 확산되는 상황을 방지하므로 사회적으로 대단히 이롭다. '사회적 거리두기'가 뇌를 통해 이루어지는 셈이다.

뇌의 염증을 치료하고 건강을 회복하면 환자는 다시 밝고 사교적인 사람이 되지만 완치 후에도 질병 행동이 오래 지속되는 경우도 있다. 그럼 어떻게 될까? 피로에 찌들어 의기소침하고, 우울함에 빠져 사람을 피하는 생활이 몇 개월 동안 이어진다. 그 끝에는 정신뿐 아니라 몸에서도 이상 신호가 발견된다. 몸과 마음에 생긴 염증으로 기분은 더 우울해지고 건강한 삶은 이제 먼일이 된다.

이것이 바로 스트레스, 뇌의 염증이 작동하는 방식이다. 많은 사람들이 일상의 사소한 스트레스를 대수롭지 않게 여기지만 스트레스는 미래의 두뇌 건강과 직결되는 중요한 변수다. 작은 상처가 쌓이고 쌓이다 보면 사람을 죽음에 이르게 하기도 한다.

35~85세의 평범한 일반인을 20년에 걸쳐 추적해[7] 작은 스트레스가 뇌 건강에 미치는 영향을 입증한 연구를 살펴보자. 맨 먼저 연구진은 참가자들의 혈액 샘플을 분석해 몸에 염증이 어느 정도 퍼져 있는지 파악했다.[8] 그 후 참가자들은 8일간 매일매일 어떤 스트레스를 겪었고 그로 인해 어떤 감정을 느꼈는지 연구진에게 보고했다. 아래의 일곱 가지 사건 중 한 가지 이상이 발생하는 날은 스트레스를

경험한 날로 간주했다.

1   가족이나 친구와 언쟁했다.
2   가족이나 친구와의 언쟁을 피했다.
3   직장이나 학교에서 스트레스를 받는 일이 있었다.
4   집에서 스트레스를 받는 일이 있었다.
5   어떤 일에 있어 차별을 받았다.
6   스트레스를 받고 있는 가족이나 친구를 도와주었다.
7   이외에도 스트레스를 받는 사건을 겪었다.

 연구 결과, 스트레스를 받은 사람들은 그렇지 않은 사람보다 더 우울해하며 일상에서 행복을 느끼지 못했다. 스트레스 유무에 따라 기분이 천국과 지옥을 오가는 사람이 있는 한편 주위 상황에 쉽게 영향을 받지 않는 돌부처 같은 사람도 존재했는데, 연구진은 감정 기복이 심한 사람이 염증이 가장 많다는 사실도 밝혀냈다. 감정이 면역 체계에 막대한 영향을 미치는 것이다.

 이것이 끝이 아니다. 10년 뒤 연구진은 동일한 사람들을 대상으로 후속 연구를 진행했는데, 감정 기복이 심했던 이들은 10년 후에도 대부분 불안이나 우울 때문에 힘들어했다.[9] 뿐만 아니라 연구진은 첫 연구에서 측정한 개개인의 감정 기복을 바탕으로 20년 후 사망 가능성도 예측했는데 그 예측이 대부분 맞아떨어졌다.[10] 무려 사망 가능성이다! 이 연구가 주는 메시지는 분명하다. 사소한 일에 목숨을 걸고 일희일비하지 말아야 한다. 은유로서의 목숨이 아니라 정말 생명이 걸려 있다!

작은 일에 목숨 걸지 말라

[⊩] 스트레스, 불안, 걱정은 현대인의 일상이라고 해도 과언이 아니다. 작업 마감 시한 때문에 운동을 거르고, 음식을 배달시켜 먹고, 잠을 줄여가며 일을 끝낸다. 어디선가 본 듯 익숙한 모습이지 않은가?

너무 바쁘게 살다 보니 건강을 돌볼 시간이 없다. 인류 역사상 처음으로 과체중인 사람이 저체중인 사람보다 많아졌고,[11] 세 명 중 한 명은 수면 부족이며,[12] 미국인의 80퍼센트가 운동을 충분히 하지 못한다.[13 14] 현대인의 나쁜 생활습관은 심혈관 질환, 비만, 당뇨 등 소위 생활습관병(lifestyle diseases)이란 영역이 새로 생기게 만들었다. 세계보건기구(WHO)에 따르면 생활습관병은 전 세계적으로 건강을 위협하는 가장 심각한 질병이다.[15]

이처럼 현대인의 스트레스는 건강상의 심각한 문제를 가져온다. 기진맥진하고, 감정에 기복이 생기고, 쉽게 우울감에 빠지고, 심할 경우 자살을 생각하게 만드는 스트레스는 대단한 사건이나 일 때문에 발생하는 것이 아니다. 일상 속 평범한 일에서 생기는 것으로 이는 우리 모두가 위험에 처해 있다는 뜻이다. 소심한 탓에 친구를 사귀지 못하는 아이, 과제 마감을 맞추는 데 실패해 머리를 쥐어뜯는 대학생, 본선 진출이 절실하지만 매번 탈락하는 선수, 해야 할 일이 도무지 끝날 것 같지 않은 직장인 등등. 모두 대단한 사건이라고 볼 수 없는 평범한 사례다.

그러나 이러한 상황이 반복되다 보면 더 이상 앞으로 나아갈 수 없는 '한계점'이 오기도 한다. 보통 인생의 전환기에 한계점과 마주하지만, 그 시기가 아니더라도 언제든 만날 수 있다. 예를 들면 다음과 같다.

- 영화배우 드웨인 존슨은 프로 미식축구 선수가 되겠다는 오랜 꿈이 좌절된 후 아무것도 하지 않는 암흑기를 보냈다.
- 세계적인 수영선수 마이클 펠프스는 평생을 바쳐 훈련해 올림픽에서 메달을 땄지만 은퇴 후에는 극심한 허무와 우울감을 겪으며 자신이 더 이상 쓸모없다는 생각에 시달렸다.
- 최근 은퇴한 내 동료는 일상의 체계와 목적이 사라져 자신이 어디에 속해 있는지 알 수 없어 혼란스러워한다.

내 인생의 중대한 전환기는 대학에 입학한 뒤 엄마가 되고 결혼 생활을 끝낼 때까지였다. 이 시기는 강박장애를 앓았을 때와 딱 맞아떨어진다. 대학 때 처음 나타난 이상한 생각들은 출산 후에 절정에 이르렀는데 일종의 산후 우울증과 강박장애가 겹쳐진 까닭이었다. 그러나 이와 같은 경험으로 힘겨운 일상에 대처하는 기술을 미리 개발해둔 덕분에 결혼 생활을 끝낸 뒤에는 놀라울 만큼 내게 아무 일도 일어나지 않았다. 그 기술은 바로 '운동'이었다(이에 대해서는 곧 자세히 이야기할 것이다).

나는 운동이라는 정신적 토대를 마련하기까지 아주 고통스럽고 지지부진한 시간을 보내야 했다. 나는 이렇게 되기까지 2년이라는 시간이 걸렸지만 아직까지도 내가 누구인지, 어디로 가고 있는지 100퍼센트 확신하지는 못한다. 오랜 시간 지속된 스트레스는 이토록 끈질기게 사람을 괴롭힌다.

스트레스가 질병을 유발하는 과정

스트레스는 감염성 질환이 아니지만 우리를 아프게 한다. 면역체계를 속여서 실제로 아픈 부위가 없어도 병에 걸렸다고 생각하게 하는 것이다. 이 현상을 무균면역반응(sterile immune response)이라고 한다.[16] 이질적인 박테리아나 바이러스가 신체 내에 없으므로 무균 상태이지만 면역체계는 마치 감염된 것처럼 행동한다. 신기하지 않은가? 스트레스가 질병을 유발하거나 아프다고 느끼게 만드는 과정은 다음과 같다.

1단계: 스트레스에 지친 세포를 적으로 오해한다

면역체계는 우리 몸을 회원 전용 클럽처럼 운영한다. 세포를 하나하나 확인하며 회원인지 아닌지 엄격하게 가려낸다. 기존의 세포들이 암호를 대면 면역체계는 "좋아, 넌 들어가도 돼"라며 통과시키고, 이질적인 세포들이 입장하려고 하면 "안 돼, 넌 나가!"라고 소리치며 허락하지 않는다. 문제는 스트레스에 지친 세포가 너무 긴장한 탓에 암호를 제대로 대지 못하고 우물쭈물하다 문전박대당할 때도 있다는 것이다.

2단계: 면역체계가 지원군을 요청한다

스트레스에 지친 세포를 적으로 오해하면 면역체계는 곧바로 지원을 요청한다. 실제로 스트레스에 지친 세포는 때로 이질적인 세포와 함께 침입하기도 한다. 지원군으로 온 일반 면역세포는 우리 몸을 보

호하기 위해 염증 반응을 조절하는 인플라마좀(inflammasom)*을 활성
화시킨다.

3단계: 면역체계가 과도하게 반응한다

염증으로 나타나는 강한 면역 반응이 항상 좋은 것은 아니다. 지
나친 염증은 신체에 해로우며 여러 폐해를 일으킨다. 유당불내증을
겪는 사람들은 스트레스를 받았을 때 평소보다 더 심한 유제품 거부
반응을 경험한다. 스트레스 때문에 유당과[17 18] 다른 알레르기 유발 항
원에[19] 더 민감해지는 것이다. 정신적으로 힘든 시기에 쉽게 아픈 이
유도 이와 같다. 스트레스 때문에 감염에 취약해지는 것이다.[20] 이 때
문에 스트레스를 많이 받는 직업에 종사하는 사람들은 심장병과 뇌
졸중 등 염증성 질환의 발병 가능성이 높다.[21]

4단계: 미주신경이 제대로 작동하지 않는다

염증이 지나치면 뇌에도 악영향을 미친다. 타박상의 일종인 뇌진
탕은 염증을 발생시켜 영구적으로 뇌를 손상시키는 치명적인 결과를
낳기도 한다. 다행히 뇌에 있는 혈뇌장벽(BBB, Blood-Brain Barrier)은
신체의 염증으로부터 뇌를 보호하는 역할을 한다. 마치 국경에 세워
진 장벽처럼 국경수비대 역할을 하는 수송체(물질을 이동시키는 체내 단
백질)도 거느리고 있다. 수송체는 입장할 수 있는 면역세포의 종류와
수를 엄격하게 제한하기에 뇌는 신체의 염증으로부터 안전하다. 한

---

* 면역세포에서 발현되는 단백질 복합체. 평소에는 세포 내에 존재하다가 미생물 감
염 등 위험인자를 인지하면 활성화되어 염증 반응을 일으킨다.

편 뇌는 몸에서 무슨 일이 벌어지는지는 알고 싶어 한다. 이런 뇌의 욕구를 충족시켜주는 정보원이 바로 미주신경이다. 미주신경은 일명 '육감'이라 불리는 것으로 뇌에 지속적으로 정보를 제공한다. 눈은 세상을 보고, 귀는 소리를 듣고, 코는 냄새를 맡고, 혀는 맛을 보고, 손가락은 촉감을 느끼듯 미주신경은 '감지'한다.

무엇을 감지하는 것일까? 염증의 증가, 스트레스 호르몬의 변화, 장내 미생물군의 미세한 변화 등 신체의 다양한 변화를 감지한다. 미주신경(vagus nerve)은 방랑자(vagus)라는 이름에 걸맞게 신체 곳곳을 돌아다닌다. 뇌간*에서 심장과 폐를 거쳐 장까지 다니면서 정보를 수집하고, 이례적인 활동을 뇌에 알린다. 신호를 받은 편도체가 반응하면 공포심을 느끼게 되고 스트레스 반응이 생긴다. 요컨대 미주신경은 몸과 마음을 연결하는 궁극의 연결고리인 셈이다.

"직감을 믿어라!"라는 말은 미주신경의 명민한 능력에 관한 것이다. 덕분에 우리는 상황을 제대로 인지하기도 전에 무엇인가 잘못되었음을 감지할 수 있다. 그러나 몸이 심각하게 고장 났을 때는 이런 예리함을 잃는다. 몸의 조화가 깨진 탓에 작은 위협에 과도하게 반응하고 매사에 부정적이고 방어적으로 대응한다.

5단계: 면역체계의 피로가 당신을 우울하게 한다

염증이 더 심해지면 우리 뇌를 보호하던 혈뇌장벽이 무너진다. 뇌에 염증이 발생하는 것이다. 혈뇌장벽 곳곳에 뚫린 구멍으로 사이토카인이 스며든다.[22] 이러한 현상은 건강을 심각하게 악화하지는 않지

---

* 좌우 대뇌반구와 소뇌를 제외한 부분으로 뇌의 한가운데에 있다.

만 사람을 우울하게 만드는 원인이다.

또한 뇌는 세로토닌과 멜라토닌을 만드는 트립토판(tryptophan)이라는 아미노산을 대사하면서 해마*를 파괴하는 독성 부산물을 만든다.[23] 이 때문에 스트레스를 받으면 깜빡깜빡하는 등 기억력도 서서히 나빠지게 된다. 트립토판 결핍은 곧 세로토닌 결핍이기에 결국 우울해질 수밖에 없다.

그렇다면 항우울제로 이런 문제를 간단히 해결할 수 있지 않을까? 이론과 달리 상황은 훨씬 복잡하다. 항우울제가 세로토닌 전달체를 막는 것은 사실이지만 염증이 생긴 뇌가 만들어내는 엄청난 양의 세로토닌 전달체를[24] 모두 막기에는 역부족이기 때문이다.

결국 스트레스 때문에 당신은 몸과 마음이 아프게 된다. 피로에 절어 항상 부정적이고 우울해서 사회적 교류를 기피하기를 몇 주, 심지어는 몇 개월 동안 지속한다. 세로토닌 수치를 올리기 위해 항우울제를 먹어보지만 아무런 효과도 없다. 당연한 일이다. 문제의 근본적인 원인이 그대로이기 때문이다.

우울증을 염증 수치로 치료할 수는 없을까

다행히도 면역체계의 스트레스를 검사해 근본 원인을 치료할 수 있다. 이것은 무려 20년 전에 알게 된 사실이다. 2000년에 실시된 한 연구는 염증이 얼마나 진행했는지를 관찰해서 환자의 항우울제 반응

---

* 측두엽 내부에 있는 뇌의 일부분으로 정보를 학습하고 기억하는 기능을 한다.

을 예측할 수 있다고 밝혔다.[25] 그 외에도 35개가 넘는 연구가 염증과 항우울제 반응 간의 관계를 검토했고, 심지어 TNFα라는 사이토카인이 염증을 유발한다고 추정하기까지 했다.[26]

그러나 오늘날 의사들은 우울증 환자의 염증 상태를 검사하지 않는다. 그저 기계적으로 항우울제를 처방한 뒤 효과가 있는지 지켜볼 뿐이다. 만약 효과가 없다면 다른 항우울제를 처방한다. 그렇게 반응이 나타날 때까지 세 개 이상의 항우울제를 처방해본 뒤,[27] 아무런 효과가 나타나지 않으면 치료를 포기해버린다.[28]

내 강박장애도 사실 염증 때문에 생긴 것은 아니었을까? 알 수 없다. 우울증 환자 대부분이 그렇듯 나도 염증 검사를 받아본 적이 없기 때문이다. 항우울제가 나에게 효과가 있었냐고? 솔직히 말하면 나는 항우울제를 먹은 적이 없다. 정신질환을 자세히 알지는 못했으나 약리학적 지식에 비추어볼 때 항우울제가 뇌를 변형시킬 수 있다고 생각했기 때문이다.

무조건 항우울제 복용을 중지해야 한다는 뜻이 아니다. 약을 복용하지 않으면 생활이 힘든 중증 우울증 환자도 있다. 그리고 정말 다행히도 항우울제는 세 명 중 두 명에게나 효과가 있다.

약물 내성 환자를 위한 최고의 항우울제는?

|┼| 만약 항우울제가 아무런 효과가 없다면 어떻게 해야 할까? 정신질환을 치료하지 않고 내버려둔 채 사는 것은 비극

적인 결말이 기다리는 일과 다름없다. 드웨인 존슨은 우울증을 치료하지 않은 채로 몇 개월 동안 부모님 집 지하에 처박혀 있었다. 펠프스는 자살하고 싶다는 생각을 잊기 위해 술에 의존했다. 나는 머릿속의 이상한 생각들을 무시하기 위해 강박적일 정도로 공부에 매달렸다. 사람들과 어울릴 때는 긴장을 누그러뜨리기 위해 펠프스가 그랬듯 알코올에 기댔다. 그러다 어느 순간 알코올에 중독되었다는 사실을 깨달았다. 우울증을 피하려다 중독까지 겪게 된 내게 새로운 탈출구가 절실히 필요했다.

술처럼 나를 서서히 파괴하는 방법이 아닌 생산적이고 건강한 방법을 찾기 위해 머리를 쥐어짰다. 그러다 격렬한 운동 후 찾아온다는 행복한 상태인 러너스하이(runner's high)가 고통을 완화할지도 모른다는 생각이 들었다. 나는 곧바로 운동화를 한 켤레 샀고 의기양양한 채로 조깅에 나섰다. 그리고 그 주 주말이 되었을 무렵 발은 온통 물집투성이였고, 다리는 움직이지 못할 정도로 쑤셨다. 그렇게 나의 조깅은 허무하게 끝이 났다.

그 뒤로 한 친구가 내게 사이클링을 함께할 것을 제안했다. 창고 속 버려져 있던 내 낡고 녹슨 자전거가 내 인생에 처음으로 등장하는 순간이었다. 첫 라이딩에서 나는 약 8킬로미터의 급경사를 올랐다. 페달을 밟고 또 밟았지만 오르막길은 끝날 낌새가 보이지 않았다. 그렇게 얼마나 페달을 밟았을까. 눈앞에 가파른 오르막길 대신 내리막길이 펼쳐졌다. 꼭대기에 도착했던 것이다. 그 순간 한 번도 경험해보지 못한 이상한 기분이 들었다. 마음이 완벽한 고요에 도달했고 그 속에서 몸 전체가 이완되었다. 최근 몇 년간 이렇게 기분이 좋은 적이 있었나 싶을 정도였다.

그 좋은 기분을 맛보기 위해 이후로도 나는 사이클링을 계속했다. 내가 느꼈던 고요의 순간은 자전거를 탈 때마다 점점 길어졌고, 나중에는 1시간 내내 이어지기도 했다. 자전거에 내린 뒤에도 고요를 유지할 수 있었고 어느 순간부터는 강박적인 생각을 전혀 하지 않게 되었다. 머릿속의 악몽이 끝난 것일까? 운동이 나를 치유한 것일까? 강박장애를 완전히 치유할 수 있는 것일까? 해결하고 싶은 의문이 너무나도 많았다. 그래서 나는 그동안 하던 뇌와 관련된 공부에서 조금 나아가 운동이 뇌에 미치는 효과를 집중적으로 연구하기 시작했다.

운동을 자주 해야만 효과가 있을까

운동의 뇌과학에서 발견한 첫 번째 사실은 바로 운동이 우울증으로부터 환자를 구출해낸다는 점이다. 항우울제에서 아무런 효과를 보지 못하고 속수무책으로 고통받던 환자들이 운동을 통해 우울증에서 탈출할 수 있었다.

운동과 우울증 간의 관계를 입증하기 위해 심한 우울증 환자 중 항우울제에 반응이 없는 이들을 모집한 연구를 살펴보자. 연구자들은 환자의 혈액 샘플로 먼저 그들의 염증 수치를 파악했고 이후 환자를 두 그룹으로 나누어 각각 고빈도 운동과 저빈도 운동을 하게 했다.[29]

1 고빈도 운동 집단은 매주 체중 1킬로그램당 16칼로리를 운동으로 태우는 신체 활동을 했다. 이를 위해 그들은 매주 150분간 강도 높은 유산소 운동을 했다.

2   저빈도 운동 집단은 매주 체중 1킬로그램당 3칼로리를 운동으로 태우는 신체 활동을 했다. 이는 현대인에게 요구되는 신체 활동 권고 지침의 4분의 1(1킬로그램당 12칼로리)에 불과한 수준이었다.

프로그램은 12주 동안 진행되었으며, 빈도에 따른 운동 효과에 대한 연구였기에 환자들은 러닝 머신이나 실내 자전거 둘 중 하나를 택해 원하는 강도로 운동했다. 연구자들은 일주일마다 환자의 우울증 증세를 평가했다. 그 결과 모두가 12주 뒤에는 증상이 발현하는 횟수가 줄었을 뿐만 아니라 증상의 심각도도 완화되었다. 그중 가장 크게 증상이 완화된 이들은 염증 수치가 높았던 환자들이었다. 운동의 효과는 약물에 내성이 없는 사람이 항우울제에서 얻는 정도와 비슷했다.[30] 무엇보다 이 연구의 가장 흥미로운 점은 고빈도 운동 집단과 저빈도 운동 집단이 똑같은 운동 효과를 누렸다는 사실이다.

운동 vs 항우울제, 그 승자는?

그렇다면 운동과 항우울제, 둘 중 어느 것이 더 효과가 좋을까? 기술적으로는 무승부다! 이것만으로도 정말 놀라운 결과가 아닌가?[31 32 33] 하지만 때론 운동이 승자가 되는 경우도 있다.[34] 항우울제에 내성이 있는 사람을 비롯한 몇몇 사람들에게는 항우울제보다 운동이 효과적인 것이다.[35]

이를테면 심장 질환을 앓으며 우울증도 함께 앓는 경우가 그렇다. 미국심장협회는 심장병 환자들에게 우울증 검사를 권고하기도 하는 데[36] 이들의 권고는 많은 논쟁을 불러일으켰다. 우울증에 걸린 심장병 환자 중 많은 사람들이 항우울제에 아무런 반응을 보이지 않았기 때문이다. 이와 관련된 한 가지 연구 결과를 소개한다. 연구 대상자였던 에릭, 앤디, 찰스는 모두 우울증을 앓는 심장병 환자였다. 셋 다 몸을 움직이기 싫어했고 우울증 치료를 받고 있지 않았다.[37] 이들은 각각 운동 그룹, 항우울제 그룹, 통제 그룹에 배정되었다.

1 운동 그룹에 배정된 에릭은 감독의 지도하에 일주일에 세 번 러닝 머신에서 높은 강도로 30분간 걷거나 달리는 유산소 운동을 했다. 그는 우울증이 사라졌을 뿐 아니라 기분도 전보다 훨씬 좋아졌다. 에릭과 같은 운동 그룹에 속한 이들의 40퍼센트는 우울증에서 벗어났고 부작용을 겪은 사람은 2퍼센트에 불과했다.

2 항우울제 그룹이었던 앤디는 항우울제인 설트랄린(sertraline)을 초기에 매일 50밀리그램 한 알씩 먹었고, 증상이 심할 때는 네 알인 200밀리그램까지 복용했다. 증상은 어느 정도 완화되었으나 피로감이 증가하고 성욕은 감소하는 등 부작용이 심했다. 이러한 증상이 얼마나 심각했던지 연구진은 실험을 전면 중단할 뻔했다. 항우울제 그룹의 20퍼센트가 부작용을 경험했고, 그중 두 명은 증상이 심각해 복용을 그만두어야 했다. 게다가 오직 10퍼센트만이 우울증에서 빠져나왔다.

3 통제 그룹이었던 찰스는 매일 가짜 약을 한 알 먹었다. 그는 약에 아무 효능이 없다는 점을 모른 채 자기가 먹는 약이 항우울제라고 철썩같이 믿었다. 왜 이런 통제 그룹을 설정했을까? 약효에 대한 신뢰 때문에 상태가 호전되는 위약 효과가 아닌, 약의

실제 효과를 확인하기 위해서였다. 찰스는 기분이 약간 나아졌지만 운동 그룹만큼 상쾌한 기분을 맛보지는 못했다. 그를 포함한 통제 그룹에 속한 이들 모두는 우울증에서 벗어나지 못했다.

즉, 운동을 한 에릭이 명백한 승자였다. 다행히 앤디와 찰스도 연구가 끝난 후에는 에릭과 함께 매주 걷기 운동을 했고 모두가 건강하고 행복한 해피 엔딩을 맞이했다.

그렇다면 운동은 어떻게 정신을 치유하는 것일까? 운동에는 소염 효과가 있다.[38] 운동을 하면 근육은 마이오카인(myokine)이라는 특수한 사이토카인을 분비한다.[39] 일반적인 사이토카인처럼 마이오카인도 면역체계에 경보를 울리지만, 그들은 나쁜 상황을 예방하는 것을 목표로 다음과 같은 메시지를 전달한다.

내 몸에게

지금은 위험한 상황이 아니야. 하지만 운동을 하면 잠시 동안 항상성이 유지되는 행복한 상태를 벗어나게 돼. 그때는 평소보다 공격에 취약해지니까 조심하렴.

너의 건강을 바라며,
마이오카인

신체는 마이오카인에게 충고받은 대로 운동할 때는 염증 반응을 일으키는 사이토카인을 분비해 스스로를 보호한다. 하지만 운동을 마치면 곧바로 신체에 청소 작업반을 보내 염증이 일어난 부분을 치

운다.[40] 이 작업반은 운동으로 생긴 모든 염증뿐 아니라 기타 해로운 요인들까지도 철저히 제거한다. 꾸준히 운동을 할수록 이들의 작업은 더 완벽해지고, 신체에는 염증이 덜 존재하게 된다.

염증이 덜 생기는 것은 비단 심장병 환자들의 정신에만 유익한 게 아니다. 운동은 2형 당뇨,[41] 류머티스 관절염,[42] 암[43] 등 만성 염증성 질환을 앓는 이들 모두에게(이들 모두가 우울증의 위험이 높다) 긍정적인 변화를 가져다준다.

우울증을 막을 수 있는 운동법

몸이 염증을 스스로 제거하면 일상의 스트레스로부터 받는 악영향도 줄어든다. 우리 연구소는 대학생들이 가장 스트레스를 많이 받는 기말고사 기간 6주 동안 그들의 정신 건강과 염증의 변화를 추적했다. 그리고 이를 토대로 운동이 스트레스로 인해 생기는 우울증을 방지한다는 사실을 입증했다.[44] 우리는 정신질환이 없고 운동을 하지 않는 학생들을 모집한 후 무작위로 세 개 그룹에 배치했다.

1   첫 번째는 통제 그룹이다. 통제 그룹은 6주 동안 정적인 생활을 유지했다.
2   두 번째는 중간 강도의 지속적인 훈련을 받는 그룹이다. 그들은 6주 동안 일주일에 세 번 30분간 약간 땀이 날 정도의 강도로 자전거를 탔다.
3   세 번째는 고강도 인터벌 트레이닝을 받는 그룹이다. 그들은 6

주 동안 일주일에 세 번 20분간 높은 강도와 중간 강도를 1분씩 번갈아가며 자전거를 탔다. 2번의 중간 강도 운동 그룹과 운동량을 맞추기 위해 운동 시간은 약간 짧게 설정되었다. 두 집단의 운동 시간은 모두 몸을 푸는 시간과 정리하는 시간을 포함했다.

힘겨웠던 6주가 끝났을 때 전혀 운동을 하지 않고 정적으로 생활한 통제 그룹은 치료가 필요할 정도로 심각한 우울감에 빠져 있었다. 그들 모두가 정신질환을 겪은 적이 없었다는 사실을 고려하면 충격적인 결과였다. 반면 두 개의 운동 그룹은 통제 그룹과 똑같은 심리적인 스트레스에 노출되었음에도 우울감을 느끼지 않았다. 특히 중간 강도로 지속적인 훈련을 받은 그룹의 학생들이 가장 스트레스를 덜 받았고 혈액 검사로 확인한 염증 수치도 낮았다.

다시 말해 우울증을 막기 위해서는 운동이 필요하지만 반드시 힘든 운동만이 유효한 것은 아니다. 또한 스트레스가 정신 건강을 얼마나 빠르게 악화시키는지도 확인할 수 있다. 놀랍지 않은가?

염증 수치 완화가 아닌 교감신경계와 부교감신경계의 작용으로도 운동의 효과를 설명할 수 있다. 자율신경계는 길항작용으로 내장기관의 기능을 조절하는 교감신경계와 부교감신경계로 구성되어 있다. 교감신경계는 급격히 에너지를 소비하는 활동(투쟁-도피 반응)을 할 때 활성화되는 신경계이고 부교감신경계는 에너지를 보존하는 활동(휴식-소화 활동)을 할 때 활성화되는 신경계이다. 음양에 비교하자면 교감신경계는 양이고 부교감신경계는 음인 셈이다. 앞서 이야기한 직감을 담당하는 미주신경을 기억하는가? 미주신경은 부교감신경계의 일부로, 신체에서 뇌로 메시지를 전달하는 것 외에 뇌에서 신체로 이동하며 스트레스를 중화하는 역할도 한다. 다음 질문을 통해 교감신경과 부교감신경이 서로 협력하는 과정을 확인해보자.

1 오늘 하루 스트레스를 받는 일이 있었는가?
    ex) 친구와의 말다툼, 프로젝트의 마감, 어떤 일에 대해 차별을 받음(혹은 목격함)
2 그 스트레스 요인에 대해 어떤 감정을 느꼈는가?
    ex) 분노, 당황, 긴장
3 스트레스를 받을 때 당신의 호흡은 어땠는지 기억나는가? 혹시 숨을 참고 있지는 않았는가?

이처럼 스트레스를 받는 상황이 되어 교감신경계가 활발해지면 우리는 자신도 모르게 숨을 참는다. 숨이 가빠지면 심장이 빠르게 뛰는데 이때 심호흡을 하면 부교감신경계가 활성화되어 교감신경계를 진정시키고 평정을 찾게 한다. 심호흡을 하면 마음이 편해지는 이유가 바로 이것이다.[45]

그러나 교감신경과 부교감신경이 항상 길항작용을 유지하지 않는다. 스트레스가 심해질수록 교감신경계의 힘은 점점 더 강해지고 결국 부교감신경계는 백기를 들고 만다. 우리가 전력질주를 하다가 심장이 터질 것 같아 주위의 강한 격려에도 불구하고 자발적 탈진을 선언하는 것과 같은 현상이다.

운동은 부교감신경계의 힘을 커지게 한다.[46] 근력이 세지고 민첩해질 뿐 아니라[47] 정신적으로도 강해져 교감신경계를 진정시키고 일상 속 스트레스에 보다 태연하게 대처하는 것이다.[48]

운동의 염증 수치 완화 효과와 자율신경계 진정 작용을 상기하면, 비단 운동은 약물 내성을 지닌 환자에게만 필요한 '약'이 아니다. 항우울제에 반응하는 사람에게도 충분히 의미가 있다. 내 동생의 경우 항우울제를 복용하며 기분장애 증상을 억제해왔는데, 내가 하프 철인 3종을 준비하자 동생도 치료를 위해 역기 운동을 시작했다.[49] 물론 그 효과는 내가 겪은 것처럼 놀라웠다. 항우울제의 불쾌한 부작용이 확연히 줄어들었을 뿐 아니라 일상에서 마주치는 스트레스 요인에 담담하게 대처할 수 있게 되었다. 운동 덕분에 동생도 건강을 되찾았다.

당신도 운동으로 우울증을 치료하고 예방하고 싶은가? 그렇다면 "사소한 것이 큰 변화를 일으킨다"라는 말을 항상 마음속에 간직하고 운동에 임하자.

우울증을 앓는 1,400명 이상의 성인을 대상으로 한 연구에 따르면[50] 유산소 운동과 근력 운동은 모두 우울증을 이겨내는 데 도움을 준다. 유산소 운동을 일주일에 세 번 했을 때 우울증을 완화하는 데 효과가 있었고, 강도에 따른 차이는 없었다. 가장 중요한 것은 지속 시간이었다. 운동 시간을 10분만 늘려도 항우울 효과가 급격하게 늘어났다. 반면 근력 운동의 경우는 지속 시간보다 강도가 중요했다. 일주일에 두세 번 근력 운동을 했을 때 운동 강도를 10퍼센트만 높여도 항우울 효과가 급격하게 커졌다. 이때 웨이트 트레이닝, 요가, 태극권 등 모든 종류의 근력 운동이 우울증 완화에 효과가 있었다.

우울증 등 정신 건강을 위한 운동법을 이 장 마지막에 실었다. 근력과 체력에 따라 유산소 운동과 근력 운동의 강도를 높이는 방법도 수록했다. 이 운동을 야외에서 하면 트립토판을 세로토닌으로 바꾸어주는 비타민 D도 보너스로 얻을 수 있다.[51] 보통 우울증을 앓는 사람들은 비타민 D 수치도 낮기[52] 때문에 야외에서 운동하는 것이 더 효과적이다.

유산소 운동이든 근력 운동이든 종류를 불문하고 모든 운동은 강력한 우울증 예방주사다. 역대 최대 규모로 진행된 한 연구가 이러한 운동의 효과를 입증했다.[53] 연구진은 정신적, 육체적 질환을 앓은 적이 없는 약 3만 3,000명의 건강한 남녀에게 운동의 빈도와 강도, 지속 시간 등 운동 습관에 대해 질문했다. 그러고 나서 11년 뒤, 후속 연구를 통해 그들 중 우울증을 앓은 사람이 있는지 조사했다. 그 결과 운동을 하지 않은 사람들이 우울증에 걸린 확률이 높았고, 어떤 강도로든 일주일에 1시간 이상 운동을 한 사람은 우울증에 걸리지 않았다. 만약 연구에 참여한 모든 사람들이 일주일에 1시간 이상 운동을 했다면 우울증 발병을 12퍼센트 이상 낮출 수 있었을 것이다. 다만 1시간 넘게 운동하거나 더 높은 강도로 운동해도 우울증 예방 효과가 더 높아지지는 않았다. 즉 어떤 강도로든 일주일에 1시간만 운동하면 우울증을 충분히 예방할 수 있다. 일주일에 1시간을 투자해 얻는 효과 치고는 가성비가 좋지 않은가?

물론 인생을 살다 보면 도저히 운동을 할 수 없는 때도 있다. 나는 아이를 낳고 난 후가 그런 시기였다. 미칠 듯이 피곤하고 온몸이 아파서 움직일 수가 없었다. 별개로 머릿속의 이상한 생각 때문에 가장 고통스러웠던 시기이기도 했다. 이후 의사의 진단으로 무슨 병인지 명확해지자 마음이 조금 편해졌지만, 그래도 항우울제를 먹기는 싫었다. "혹시 약을 먹지 않고 증상을 치료할 수 없을까요?"라고 걱정스럽게 물은 후 숨을 죽인 채 의사의 대답을 기다렸다. 의사는 단언했다. "당연히 가능합니다!" 나는 안도의 한숨을 쉬었다. 그는 인지행동치료(CBT)를 권했다. "인지행동치료가 뭔가요?"라는 나의 물음에 그는 "뇌의 배선을 바꾸는 방법입니다"라고 설명했다.

당시 내 뇌는 아끼는 이를 해치는 상상을 하면 자동적으로 불안감이 발생하도록 배선되어 있었다. 이 배선을 고쳐 증상을 완화할 수 있다는 것이었다. 인지행동치료는 노출 치료 기법과 매우 비슷하다. 자기 생각에 노출시켜 사고방식을 바꾸는 방법을 가르친다. 나에게 인지행동치료는 내 생각을 '진실'이 아닌 '선택지'로 보는 방법을 가르쳐주었다. 뒤로 물러서서 잠시 생각해볼 시간을 준 덕분에 나는 머릿속의 이상한 생각에 대해 의문을 제기할 수 있었다. 나의 분석적인 두뇌는 이런 접근법을 좋아했고 이후 운동을 다시 시작할 때 인지행동치료를 병행하자 정신 건강은 한층 더 나아졌다.[54]

운동 앞에 머뭇거리는 나를 바꾸는 법

[아이콘] 다시 엄마 집 식탁으로 돌아오자. 식은 커피를 들이켜니 한기가 들이닥쳤다. "바로 나갈 거니?"라고 엄마가 무심히 물었다. 나는 당장이라도 운동을 그만두고 싶었다. 코치가 보낸 운동 계획을 확인하기 위해 휴대폰을 켰다. 화면에는 이렇게 적혀 있었다.

> [오늘의 훈련]
> 사이클링 3시간 후 달리기 2시간
> 운동 종목 전환 연습으로 오늘은 쉽게 하겠습니다.

코치가 제정신이 아닌 건가? 정말 이게 쉽다고? 생각만 해도 몸이 긴장되어 움찔거렸고 마음도 정신없이 달음질을 했다. 모든 것을 때려치우고 싶었다. 잘못된 길로 가고 있다고 느꼈다. 심호흡을 하며 어떻게 해야 방향을 바꿀 수 있을지 고민했다. 정신 건강을 위해서는 운동을 일종의 놀이처럼 해야 했다. 운동의 강도는 중요치 않았다. 펠프스는 아이를 학교에 데려다준 뒤 체육관에서 몸을 간단히 풀었고, 드웨인 존슨은 자기가 매달리던 미식축구 말고 다른 운동을 하며 스트레스를 풀었다. 나는 코치가 각각의 운동 강도를 명시하지 않았으니 가볍게 운동해야겠다고 마음먹었다.

한결 마음이 가벼워진 채로 사이클링과 달리기를 하기 위해 의자에서 일어나 체육관으로 향했다. 그날 강도를 얼마나 낮추었냐고? 우습게도 몸을 움직이자 기분이 훨씬 나아져서 강도를 오히려 한 단계 높였다.

마침내 몇 개월간의 훈련 끝에 나는 하프 철인3종 경기가 열리는 몽트랑블랑에 갔다. 나는 그 어느 때보다 강해져 있었고, 가슴속에는 내가 완벽하게 준비되었다는 확신이 차올랐다. 하지만 노련한 선수들을 보자마자 내 능력에 대한 의심이 다시 고개를 치켜들었고, 설상가상 내 장비들이 너무 초라하게 느껴졌다. 내 선글라스는 패션 선글라스였고, 자전거는 온통 녹이 슨 로드 바이크였다. 신발은 끈을 매고 찍찍이로 여며야 하는 산악 자전거 신발이었다.

마음을 단단히 다잡았다. 혹독하고 길었던 훈련을 떠올리며 장비는 아무런 문제도 아니라고 되뇌였다. 이윽고 출발을 알리는 총성이 들렸다. 녹슬고 낡은 로드 바이크로 나는 1만 달러짜리 최신식 철인3종 경기용 자전거들을 연거푸 추월했다.

결국 나는 목표를 거의 30분이나 앞당겨 5시간 35분 만에 결승선을 통과했다. 저절로 웃음이 나왔다. 선글라스가 아나운서의 눈길을 끈 모양인지 확성기에서 아나운서가 나를 짓궂게 놀리는 목소리가 들렸다. "제니퍼, 그 선글라스하며 신발하며 모든 게 정말 파격적이네요! 한 바퀴 더 돌 수 있을 것 같은 기세인데요?" 나는 "절대 안 돼요!"라고 외치며 고개를 저었지만, 그 순간 하프 철인3종이 아니라 철인3종을 완주할 준비가 되었다는 사실을 깨달은 것은 비밀이다.

아픈 뇌를 치료하는
하루 10분 트레이닝

- 난이도: 중급
- 뇌과학적 목표: 뇌의 염증을 치료하기
- 마인드셋: 운동이 약이라고 생각하자

월	화	수	목	금	토	일
걷기	기분 전환 운동	변형 걷기 2	휴식	뇌 진정 사이클링	뇌 치유 운동	휴식

◆ 기분 전환 운동

5분간 천천히 걸으면서 몸을 푼 뒤, 1~8번까지의 동작을 정해진 횟수만큼 반복한다. 그다음 2분간 휴식한다. 만약 운동이 쉽게 느껴지면 각 동작 횟수를 15회(시간일 경우 40초)로 늘리고 전체를 3회 반복한다.

순서	종류	횟수(시간)	참고
1	변형 플랭크	30초	299쪽
2	교차 크런치	한쪽당 10회	261쪽
3	교차 슈퍼맨	한쪽당 10회	260쪽
4	동키 킥	한쪽당 10회	266쪽
5	앉았다 일어서기	10회	287쪽
6	원암 덤벨로우	한쪽당 10회	292쪽
7	래터럴 레이즈	10회	267쪽
8	한 발 균형잡기	한쪽당 30초	300쪽
마무리	휴식	2분	-

숙련자라면?

- 1번의 변형 플랭크를 플랭크로 바꿔서 한다.
- 3번의 교차 슈퍼맨을 슈퍼맨으로 바꾸고, 1회당 5초 동안 유지한다.
- 8번의 한 발 균형잡기를 눈을 감고 한다.
- 6~7번 동작을 할 때 덤벨의 무게를 늘린다.

◆ 변형 걷기 2

1. 편안한 걸음걸이로 호흡에 집중하며 5분간 걷는다.
2. 힘은 들지만 기분 좋게 느껴질 정도로 8분간 걸은 후 2분간 천천히 걸으며 마무리한다.
3. 만약 운동이 쉽게 느껴지면 빠르게 걷는 시간을 매주 1분씩 늘린다.

◆ 뇌 진정 사이클링

1. 자전거를 5분간 천천히 탄 뒤 빠른 속도로 30분간 탄다.
2. 만약 운동이 쉽게 느껴지면 빠르게 타는 시간을 매주 5분씩 늘리거나 경로에 오르막길을 추가한다.

◆ 뇌 치유 운동

5분간 천천히 걸으면서 몸을 푼 뒤, 1~8번까지의 동작을 정해진 횟수만큼 반복한다. 그다음 2분간 휴식한다. 만약 운동이 쉽게 느껴지면 각 동작 횟수를 15회(시간일 경우 40초)로 늘리고 전체를 3회 반복한다.

순서	종류	횟수(시간)	참고
1	변형 하늘자전거	한쪽당 10회	278쪽
2	변형 사이드 플랭크	한쪽당 30초	283쪽
3	버드 독	한쪽당 10회	276쪽
4	브릿지	30초	279쪽

5	변형 팔 굽혀 펴기	10회	295쪽
6	캣 카우	동작당 10회	293쪽
7	사이드 레그 레이즈	한쪽당 10회	280쪽
8	변형 사이드 레그 레이즈	한쪽당 10회	281쪽
마무리	휴식	2분	-

숙련자라면?

- 2번의 변형 사이드 플랭크를 사이드 플랭크로 바꿔서 한다.
- 3번의 버드 독을 할 때 자세를 5초 이상 유지한다.
- 4번의 브릿지를 할 때 한쪽 다리만 바닥에 두고, 다른 쪽 다리는 양반다리 하듯 반대쪽 무릎에 올려서 한다.
- 5번의 변형 팔 굽혀 펴기를 팔 굽혀 펴기로 바꿔서 한다.
- 7~8번 동작을 할 때 밴드를 사용해 저항을 늘린다.

4장

중독의 가장
강력한 해독제

인생은 자전거를 타는 것과 같다.
균형을 잡으려면 계속 움직여야 한다.

_알베르트 아인슈타인(Albert Einstein)

당신은 이제 운동에 재미를 붙였다. 운동할 때면 기분 좋은 상쾌함이 느껴지고, 종종 황홀한 쾌감을 맛본다. 그러다 당신은 덜컥 걱정이 된다. 친한 친구가 당신에게 했던 말 때문이다.

"네가 운동에 중독될까 봐 걱정이야."

"운동에?"

당신은 당황해 묻는다. 농담이 분명하지만 어쩐지 그녀는 진지해 보인다. 약과 알코올에는 중독성이 있다. 그렇다면 운동은? 만약 운동에 중독된다면 더 많은 사람들이 운동하고 있지 않을까? 사람들이 운동에 중독될 수 있냐고 물으면 나는 다음과 같이 답한다. "러너스 하이에 대해서 들어본 적이 있을 겁니다. 이는 약물의 도취감과는 근본적으로 다릅니다. 약물 중독과 운동에 몰두하는 것을 동일 선상에 두기는 어렵습니다." 그럼에도 회의론자들은 의심의 끈을 놓지 않는다. "어떤 중독을 다른 중독으로 대체하는 거 아닌가? 조삼모사와 비슷한 거 같아."

좀 더 과학적으로 이야기해볼까 한다. 약물은 뇌의 에너지를 고갈시키고 뇌의 활동을 방해할 뿐만 아니라 뇌를 손상시킨다. 그러나 운동은 뇌에 에너지를 공급하고 회복시키는 데에서 나아가 뇌를 생성하기까지 한다. 운동은 중독이 되는 대상이 아니라 뇌를 치유해 중독으로부터 해방시키는 역할을 하는 것이다. 다시 말해 운동은 중독으로부터 빠져 나오고 싶을 때 우리가 유일하게 할 수 있는 의미 있는 조치다. 은유하자면 알코올 의존증 환자들을 갱생시키는 '익명의 알코올중독자들'이라는 세계적인 공동체에서 사용하는 약물 중독을 위한 12단계 치료 프로그램의 열세 번째 단계인 셈이다.

운동 중독은 과연 존재할까

🏋 몽트랑블랑에서 하프 철인3종 경기를 마친 뒤, 몇 주 동안 나는 황홀경에 빠져 있었다. 신체적으로나 정신적으로나 이토록 힘든 일을 내가 해낼 수 있다고 상상조차 하지 못했다. 하지만 나는 해냈다. 앞으로 무슨 일이든 할 수 있을 것 같았다. 나 자신을 믿자 인생의 모든 일이 수월해졌다. 직장에서는 업무 생산성이 높아졌고, 가정에서는 매사를 긍정적으로 대처했다. 모든 것이 순조롭고 쉬웠다. '인생이 이렇게 기분 좋은 거라면 항우울제는 왜 필요한 걸까?'라는 생각까지 들었다.

철인3종 경기를 끝낸 기념으로 나는 친구들과 자전거를 타고 먼

곳에 있는 아름다운 공원으로 소풍을 가기도 했다. 강도 높은 운동 루틴을 엄격하게 유지하던 내게 상상할 수 없던 변화였다. 무엇보다 코치가 운동을 전면적으로 금지하지 않아서 다행이었다. 그는 내게 철인3종 훈련을 할 때 1월의 첫 한 주 동안은 아무런 운동을 하지 말라고 지시한 적이 있었다. 새해를 맞아 다른 사람들이 호기롭게 체육관으로 향할 때, 나는 소파에 누워서 넷플릭스 드라마만 주구장창 봐야 했다. 몇 개월에 걸친 강도 높은 훈련 뒤의 제대로 된 휴식이었지만 편하지가 않았다. 오히려 불안에 시달리며 안절부절못하다가 나중에는 기진맥진해버렸다. 결국 머릿속을 정리하기 위해 3장 마지막에 있는 변형 걷기 1을 했다. 규칙 위반이었지만 말이다(내 코치에게 이르지 말길).

철인3종 경기 훈련을 하면서 가장 어려웠던 것은 아이러니하게도 일주일 내내 운동을 쉬는 일이었다. 그만큼 휴식하는 동안 느낀 운동을 향한 강렬한 갈증은 무척 버거웠다.

나는 운동에 중독되었던 것일까? 운동에 중독된 사람은 전체 인구의 3퍼센트 미만이다.[1][2] 운동선수로 표본을 바꾸어도 그 비율은 크게 달라지지 않는다.[3] 내가 아는 한 가장 집요한 운동광인 크로스핏 선수들 중에도 운동 중독자는 5퍼센트에 불과하다.[4] 그러니 내가 운동에 중독되었을 가능성은 사실 0퍼센트에 가까웠다.

게다가 중독의 네 가지 증상, 일명 4C 중 내게 해당되는 것은 한 가지뿐이었다.[5] 운동을 갈망(Craving)한 것은 확실하다. 그러나 나는 운동 충동을 충분히 억누를 수 있었기에 강박(Compulsive)적으로 행동하지 않았다. 또한 코치가 제시한 훈련 프로그램을 철저히 따랐고, 운동의 양이나 빈도에 대해 통제력(Control)도 유지했다. 훈련이 그 어떤 부정적인 결과(Consequence)도 유발하지 않았음은 물론이다.

즉, 내가 운동에 중독될 가능성 자체가 낮았고[6] 중독이 아님을 입증하기도 무척 쉬웠다. 중독으로 인한 충동은 계획적으로 발생하지 않는다. 나는 운동이 업이 아니었기에 운동을 하고 싶다는 충동을 즉각 행동으로 옮길 수 없었을 뿐만 아니라 이를 실천할 환경 자체가 부재했다. 또한 대부분의 사람들처럼 운동 계획을 신경 써서 세우지 않으면 먹고사는 문제 때문에 운동을 자꾸 미룰 수밖에 없었다. 그리고 만약 과도한 운동이 정말 문제라면 개인적으로나 사회적으로 해악을 끼쳤을 테지만, 운동의 악영향이라고는 눈을 씻고도 찾아볼 수 없었다. 이것이 단지 운동을 자주 하고 싶다고 해서 중독이 아닌 이유다.

모든 운동은 사람의 기분을 좋게 만드는 힘이 있다. 혼자 등산하기, 친구들과 자전거 타기, 시원한 수영장에서 잠수하기, 무거운 역기를 들어 올리기 등 운동을 할 때는 우리의 기분을 좋게 만드는 신경 화학 물질인 도파민이 분비된다. 운동은 도파민을 기준치의 130퍼센트로 증가시킨다.[7] 이는 섹스의 도파민 증가치 160퍼센트보다는[8] 낮지만, 만족스러운 식사가 주는 도파민 증가치와는[9] 같다.

흔히 중독을 유발한다고 알려진 알코올, 니코틴, 코카인 등의 도파민 생성 수치를 보면 운동에 중독될 가능성이 거의 없다는 사실을 알게 된다. 운동으로 생성되는 도파민은 다음 수치에 비하면 턱없이 적기 때문이다.[10]

- 알코올: 도파민 기준치의 200퍼센트 증가
- 니코틴: 도파민 기준치의 225퍼센트 증가

- 코카인: 도파민 기준치의 350퍼센트 증가
- 암페타민: 도파민 기준치의 1100퍼센트 증가

혹시 이런 생각이 들 수도 있다. 기분을 좋게 만드는 도파민이 많으면 많을수록 좋지 않을까? 애석하게도 그렇지 않다. 과도하게 많은 도파민은 뇌를 망가뜨리고 치명적인 뇌 손상을 일으킨다.

뇌가 약물에 의존할 때

1980년대에 유행했던 광고를 기억하는가? "이건 당신의 뇌입니다. 이건 약입니다. 그리고 이건 약물에 의존하는 당신의 뇌입니다. 혹시 질문 있나요?"라는 내레이션이 흘러나온다. 영상에서 뇌를 상징하는 계란은 약을 상징하는 뜨거운 팬 위에서 순식간에 계란프라이로 변한다. 과학적인 사실에 완전히 부합하는 광고는 아니지만, 약물이 뇌의 보상 시스템에 미치는 영향을 잘 포착했기에 인상 깊었다.

실제로 약물을 사용하면 보상 시스템 온도는 극도로 높아진다. 도파민이 과도하게 많아지면서 뇌의 보상 시스템에 과부하가 걸려 '익어'버리는 것이다. 이를 방지하고자 뇌는 도파민과 도파민 수용체의 생산을 제한하는 조치를 실시하는데 도파민 수용체에 특히 엄격하게 적용한다.[11] 이 조치는 뇌의 부담을 줄이지만 의도치 않은 부작용도 수반한다.

쾌락이 끝난 직후에는 소량의 도파민이 남아 있는데, 이것들이 수용체와 결합하지 못할 가능성이 커지는 것이다. 수용체와 결합하지 못한 도파민은 아무런 즐거움을 유발할 수 없다. 그야말로 아무 일도 하지 않는 '백수'다. 몸속에 '백수' 도파민이 늘어나면 음식 섭취나 섹스와 같은 보편적인 보상 행동이 점점 지루해진다. 더 큰 자극을 찾아 더 많은 약물을 사용하고 결국 약물에 내성이 생긴다.[12] 종종 타당해 보이는 의학적 조치가 환자를 중독의 구렁텅이에 빠뜨리는 것도 바로 내성 때문이다.

미식축구 선수 브렛 파브도 같은 경험을 했다. 그는 어깨 통증을 치료하려다가 자기도 모르게 마약성 진통제인 비코딘(Vicodin)에 중독되었다. 의사는 하루에 한 알을 처방했지만 얼마 지나지 않아 한 알로는 통증이 전혀 줄어들지 않았다. 그는 통증을 완화하기 위해 점점 더 많은 약을 먹었다. 두 알, 세 알, 네 알… 조금씩 늘어난 복용량은 15알까지 증가해 하루에 보름치 약을 먹어야 겨우 기분이 나아지는 지경에 이르렀다.

약물 남용 기간이 길면 길수록 더 많은 도파민 수용체가 제거되고, 보편적인 보상 행동으로는 전혀 즐거움을 느낄 수 없다. 중독의 증상인 4C 중 갈망, 강박, 통제력 상실이라는 세 가지 조건이 충족되는 것이다. 약물 내성으로 합리적인 사고능력을 잃어버린 뇌는 재앙 같은 결말이 기다리고 있다는 것을 알지만 약물을 더 사용하도록 명령한다. 이로써 중독의 마지막 조건이 충족된다. 부정적인 '결과'를 잘 알고 있음에도 약물을 사용하는 것이다.

도파민에 굶주린 뇌가 즉각적인 만족감을 갈망하는 탓에[13] 우리는 차라리 죽는 게 낫다고 느낄 정도로 고통스러운 상태에 빠진다. 동시에 뇌는 즉각적인 쾌락의 효과가 약물로 발생하는 장기적인 폐해보다 훨씬 크다고 설득한다. 진실과는 다르게 말이다. 결국 중독의 덫에 걸린 우리는 모든 것을 잃는다 해도 개의치 않고 약물에 다시 손을 댄다. 그리고 건강, 인간관계, 돈, 자유, 심지어 삶 그 자체마저 잃는다.

파브는 진통제 중독 상태에 이르기 수년 전부터 이미 진통제를 남용하고 있었다. 3회 연속 NFL 정규시즌 MVP로 선발되었던 시절의 도취감을 맛보기 위해서였다. 그러나 도파민이 결핍된 상태에서 그 정도의 도취감을 느끼는 것은 불가능한 일이었다. 그럴수록 그는 쾌락을 얻는 일에 끊임없이 집착했고 약물 외의 모든 다른 것에는 관심이 사라졌다. 심지어 풋볼에 대한 애정까지 식었다. 당시 그의 유일한 관심사는 '어떻게 하면 약을 더 많이 얻을 수 있을까?'뿐이었다. 스스로 통제가 불가능한 시절을 겪은 파브도 주변의 도움을 받고 원래대로 돌아갈 수 있었다. 그러니 당신도 가능하다. 운동의 힘을 믿는다면 말이다.

중독된 뇌는 어떻게 회복될까

뇌의 보상 시스템이 심하게 훼손되었어도 충분히 회복할 수 있다. 죄책감을 느끼거나 수치스러워할 필요 없다. 당신이 할 일은 그저 약물의 사용을 중단하는 것뿐이다. 그렇게 해야만 삶의 작고 사소한 순간들에서 즐거움을 느낄 수 있다.

"말은 쉽죠"라고 마이크가 대답했다. 메타암페타민 중독자였던 마이크는 약물의 무서움을 그 누구보다 잘 알고 있었다. 그는 중독 치료를 "즉각 행동해야 하지만, 결과는 한참 후에 나오는 잔인한 게임"

이라고 표현했다. 마이크의 표현처럼 중독을 치료하기 위해서는 약물 사용을 즉시 중단해야 그나마 남아 있는 뇌의 보상 시스템을 보호할 수 있다. 그후에는 인내심을 지니고 보상 시스템이 재건될 때까지 기다려야 한다. 안타까운 것은 앞서 이야기했듯 중독된 뇌는 참을성이 없다는 사실이다.

그렇다면 보상 시스템이 회복되는 데는 시간이 얼마나 걸릴까? 동물을 대상으로 한 연구에 따르면 보상 시스템을 복구하는 데는 파괴하는 것보다 훨씬 더 많은 시간이 필요했다. 메타암페타민을 단 한 번만 복용한 실험용 쥐가 완전히 회복하는 데는 1년이 걸렸고[14] 2~4주간 메타암페타민을 매일 복용한 실험용 원숭이는 완전히 회복하기까지 4년 이상이 걸렸다.[15]

인간은 사람에 따라 회복 시간이 크게 달라졌다. 메타암페타민을 남용한 16명의 중독자들을 1년 동안 추적한 연구를 살펴보면 그 사실을 알 수 있다.[16] 연구 대상자 중 한 명인 마이크는 재활 시설에서 2주 동안 해독 치료를 받은 후 연구에 참여했다. 마이크를 비롯한 아홉 명의 중독자들은 위기의 순간이 있었지만 다행히 약물을 사용하지 않았다. 그러나 안타깝게도 나머지 여섯 명은 다시 약물에 손을 댔다. 약 40퍼센트가 실패하다니, 비율이 높아 보이는가? 이 정도는 전형적인 비율이다. 그들 사이 어떤 차이가 있었기에 다른 결과를 가져왔을까? 놀랍게도 그들의 성장 배경이나 약물 남용 전력에는 큰 차이가 없었다. 연령, 교육 정도, 약물 남용 기간 등 많은 점들이 비슷했다. 하지만 결정적인 차이점이 존재했으니, 그것은 마이크를 포함해 중독 치료에 성공한 10명의 중독자들은 중독 치료에 실패한 이들보다 더 많은 양의 도파민 수용체를 지니고 있었다는 것이다. 그렇다면 해법이 보인다. 재활 중인 중독자들의 뇌에 수용체를 늘릴 방법을 찾으면 된다. 감사하게도 그런 방법이 있다! 바로 몸을 움직이는 것이다.

러너스하이라는 무기

운동은 도파민 수치를 높이고[17] 도파민 수용체의 수를 늘려 뇌의 치유 속도를 높인다.[18] 모든 종류의 운동이 그러한 작용을 하지만 그중 가장 효과가 좋은 운동은 달리기다. 달리기를 많이 해본 사람이라면 이 말의 뜻을 알 것이다. 달릴 때 발생하는 일종의 도취 상태인 러너스하이는 운동을 덜 힘들게 만든다. 나의 경험을 돌이켜 보면 러너스하이는 평소보다 먼 거리를 달릴 때 더 잘 나타난다. 고된 운동으로 인해 몸이 아프다 싶을 때 통증이 심해지기는커녕 외려 완화되는 마법이 펼쳐지는 것이다. 우리는 이 상태에 이르면 최소한의 노력으로 더 멀리, 더 빨리 달릴 수 있다. 엄청나게 근사한 경험이지 않은가? 도대체 어떤 원리일까? 러너스하이가 중독에서 뇌를 구출하는 과학적인 원리를 공개한다.

엔도르핀의 작용

엔도르핀? 어디선가 많이 들어본 이름이다. 러너스하이는 엔도르핀의 작용에 달려 있다. 다시 말해 고통에서 즐거움을 얻고 싶다면 자발적으로 고통을 감수하려 노력해야 한다. 고통이 없다면 행복도 없는 것이다.

우리의 뇌는 운동할 때 발생하는 신체적인 불쾌함을 견디도록 설계되어 있다. 배고픔과 피로를 견디고 사냥감을 쫓아야 생존할 수 있던 과거의 유물이다. 고대의 환경에 맞게 설정된 뇌의 시스템은 격한 운동으로 체력이 고갈되었을 때 모르핀보다 강력한 진통제인 엔도르핀을 분비해 신체적 고통을 견딜 수 있게 해준다.

엔도르핀의 양을 극대화하려면 자신을 힘껏 밀어붙여 운동해야 한다. 하지만 너무 과하면 안 되고 적정한 수준으로 해야 한다. 실험 참여자들을 각기 다른 네 가지 강도에서 30분간 자전거를 타게 한 후, 운동 중 혈류로 분비되는 엔도르핀을 측정한 연구를 살펴보자.[19] 다음은 연구에서 발견한 것들이다.

1 젖산 역치 이하로 운동할 경우 통증이 생기지 않고 엔도르핀 수치도 변화하지 않는다.

2 젖산 역치를 살짝 넘는 정도 즉, 1장에서 나왔던 딱 맞는 강도로 운동하면 약간의 통증이 생기면서 엔도르핀 수치가 높아진다.

3 격하게 운동해 젖산 역치를 훌쩍 넘기면, 통증은 더 많이 발생하고 엔도르핀 수치도 더 높아진다. 엔도르핀은 운동을 한 지 5분 만에 증가하기 시작해 처음보다 다섯 배 높은 수치에 도달하면 20분 넘게 그 수준을 유지한다. 엔도르핀을 생성하는 데 가장 이상적인 운동 강도다.

4 한계를 느낄 정도로 힘들게 운동하면, 통증만 발생할 뿐 엔도르

핀 수치는 높아지지 않는다. 이미 우리 몸이 천연 진통제인 엔도르핀을 전부 사용해버린 뒤이기 때문이다.

요약하자면 운동으로 엔도르핀을 최대치로 얻기 위해서는 한계가 느껴지지 않는 선에서 힘들게 하면 되는 것이다. 자신의 젖산 역치를 파악하고 있다면 통증으로부터 즐거움을 얻는 것은 생각보다 어렵지 않다. 하지만 완벽해 보이는 이 연구에는 큰 함정이 하나 있다. 연구진이 혈액을 순환하는 엔도르핀만을 측정했다는 사실이다. 호르몬은 내분비샘에서 분비되어 표적기관으로 이동해 작용하는 식이므로 아무리 뇌에서 분비 신호를 준다고 해도 뇌에는 영향을 미치지 않는다. 또한 엔도르핀의 경우 분자의 크기가 너무 커서 혈류를 통해 혈치 장벽을 통과할 수도 없다. 때문에 엔도르핀이 아픈 다리와 물집이 생긴 발을 진정시키는 진통제 역할은 할지라도, 뇌에 도달하지 못하기에 우리에게 도취감의 원천이 되지 못하는 것이다.[20] 이 중요한 사실을 오랫동안 간과한 탓에 엔도르핀이 러너스하이를 발생시키는 요인인지에 관한 연구는 한동안 아무런 진전이 없었다.

그러다 2008년, 양전자방출단층촬영술(PET CT, Positron Emission Tomography-Computed Tomography)을 사용한 획기적인 연구로 운동하는 동안 내분비샘이 아닌 뇌의 다른 부위에서도 엔도르핀이 분비된다는 사실이 밝혀졌다.[21] 연구진은 달리기 경험이 많은 사람을 2시간 동안 달리게 한 후 뇌를 스캔해 강도 높은 달리기는 뇌 속 엔도르핀 수치를 증가시킨다는 점을 확인했다. 많은 양의 엔도르핀이 뇌 신경망의 감정 중추 주위에 모여 있었다(뇌 신경망과 감정 중추에 대한 자세한 내용은 2장의 71~73쪽 참조). 연구진은 감정 중추 주변에 엔도르핀이 많은 사람일수록 달리면서 행복감을 경험한다는 사실을 밝혀냈다. 드디어 엔도르핀과 러너스하이의 연관성을 확인한 것이다.

그것이 다가 아니다! 하프 마라톤 선수들은 뛰고 난 이후에도 큰 행복감을 느낀다. 그 이유는 무엇일까? 몇몇 이들은 성취감 때문에 그런 거라고 말할지도 모른다. 물론 그럴 수도 있지만 단지 그 이유 때문만은 아니다. 이에 대해 이야기하기 위해서는 러너스하이의 두 번째 비밀을 알아야 한다.

엔도카나비노이드의 작용

여기서 말한 두 번째 물질의 작용 덕분에 달리고 난 뒤에 더 큰 행복 감을 느끼게 된다. 운동은 중독성이 거의 없지만, 러너스하이는 약물과 비슷한 방식으로 작용한다. 러너스하이가 주는 쾌락은 대마초 한 모금의 달콤한 행복감과 비슷하다.

"대마초?" 당신은 믿을 수 없다는 표정으로 묻겠지만 사실이다. 운동이 뇌에 미치는 영향은 대마초와 매우 비슷하다. 대마초에서 추출되는 카나비노이드(cannabinoid) 성분은 우리 몸에서도 운동을 통해 생성되는데 이를 내재성 카나비노이드(endogenous cannabinoid) 즉, 엔도카나비노이드(endocannabinoid)라고 부른다.[22] 그렇다면 엔도카나비노이드를 생성하려면 얼마나 운동을 해야 할까? 최근 연구는 엔도카나비노이드를 최대로 생성하는 데는 가벼운 운동이면 충분하다고 말한다.[23] 엔도르핀을 극대화하려면 젖산 역치를 넘겨 높은 강도로 운동해야 했지만, 엔도카나비노이드는 그렇지 않은 것이다.

엔도카나비노이드의 또 다른 장점은 분자의 크기가 혈뇌장벽을 통과할 만큼 작다는 것이다.[24] 엔도카나비노이드는 뇌에 들어가 복측피개영역(ventral tegmental area)*에 도달한다. 이곳에 입장한 엔도카나비노이드는 복측피개영역이 측좌핵(nucleus accumbens)으로 도파민을 분비하도록 자극하고, 도파민을 받은 측좌핵이 활성화되면서 우리는 즐거움을 느낀다.

이것이 끝이 아니다. 과학자들은 최근 아주 매력적인 발견을 했다. 바로 쾌락 과열점(hedonic hot spot)이다. 뇌의 쾌락 중추인 복측피개영역에서 발견되는 쾌락 과열점은 엔도카나비노이드와 엔도르핀으로부터 자극을 받아 활성화되며[25] 두 자극을 동시에 받을 경우 엄청난 쾌감을 선사한다. 이것이 바로 러너스하이다.

몇몇 이들은 의문을 제기할 것이다. "엔도르핀과 엔도카나비노이드가 극대화되는 운동 강도가 다른데, 도대체 어떻게 둘을 동시에 극대화할 수 있죠? 좋다 말았네요." 다행히 조합 방식에 따라 두 물질을 동시에 극대화할 수가 있다. 베이킹을 하는 사람이라면 알겠지만 빵을 만들 때 재료만큼 중요한 것이 재료를 혼합하는 방법이다. 러너스하이를 만드는 방법도 비슷하다. 엔도르핀은 격하게 운동할 때 높아지지만, 낮은 강도로 운동하면서 이를 극대화하는 방법도 있다. 바로 오래 달리는 것이다.

숙련된 운동선수 열 명을 대상으로 한 연구 결과가 그 사실을 증명한다. 연구진은 선수들에게 가벼운 강도로 운동하되 지쳐서 도저

---

* 측좌핵으로 보내는 도파민을 합성해 온몸으로 전달하는 보상체계이자 쾌락 중추. 뇌의 가장 원시적인 부위로 동기부여와 보상, 쾌락에 관여한다.

히 견딜 수 없을 때까지 계속하도록 지시했다.[26] 처음 50분 동안에는 엔도르핀 수치가 그대로였지만 운동을 시작한 지 90분이 넘어가자 수치는 빠르게 상승해 최고치에 도달했다.

아마 운동에 두려움을 지닌 사람들이라면 러너스하이는 자신이 경험하기 어려운, 마치 다른 세상 이야기처럼 들릴 것이다. 하지만 여기 방법이 나왔다. 가벼운 강도로 오랫동안 달린다면 엔도르핀과 엔도카나비노이드를 동시에 극대화해 누구나 러너스하이를 경험할 수 있다.

운동이 주는 고통을 경감시키는 법

그래도 여전히 고통이 두려운가? 걱정하지 말라. 고통 없이 엔도르핀 수치를 높이는 몇 가지 해결책이 있다. 첫째, 다른 사람과 함께 운동하라. 여러 명이 같이 운동하면 사람이 견딜 수 있는 최대 수준의 통증인 통증 내성이 높아진다. 이는 대학 조정 팀을 관찰하면서 밝혀진 사실로, 혼자 노를 저을 때보다 함께 저을 때 고통을 견디고 더 멀리 더 빨리 이동하는 것을 볼 수 있었다.[27]

함께 운동하는 것의 이러한 효과는 어떤 운동을[28] 어떤 사람과 함께 하는지보다[29] 동시에 함께 움직인다는 점에서 기인하는 것으로 보인다. 크로스핏이 인기를 끌고 있는 이유도 이 때문일 것이다. 공동체적인 분위기[30] 속에서 격렬하게 운동하면 통증 내성이 높아지고 뇌가 한껏 엔도르핀을 펌프질하기 때문에 힘이 덜 들고 더 즐겁다.

둘째, 음악을 들어라. 모든 종류의 운동은 강도와 지속 시간에 관계없이 기분을 끌어올리는 잠재력이 있다. 이 잠재력을 음악으로 조금만 자극해주면 된다. 엔도르핀과 도파민은 즐거운 일을 기대할 때마다 분비된다.[31] 심지어 도파민은 음악만 들어도 분비된다.[32] 이제 운동이라는 고통을 즐거움으로 만들어야 한다는 부담에서 벗어나자. 좋아하는 음악을 틀고 거기에 맞추어 움직이는 것만으로 충분하다. 음악이 당신을 어디로 데려갈지 누가 알겠는가? 종착점이 크로스핏 체육관일 수도 있다! 어디든 크게 중요치 않으니 우리는 계속 움직이기만 하면 된다.

몸을 움직여야 뇌가 회복된다

◖■◗   중독 치료에 러너스하이를 적용하면 놀라운 결과가 나온다. 2014년 22개의 선행 연구를 검토한 후 알코올, 니코틴 등 합법 약물과 헤로인, 코카인 등 불법 약물로 인한 중독을 치료하는 데 운동이 어떤 영향을 미치는지 분석한 연구가 있다. 이 연구는 운동이 절제력을 높이고 불안과 우울을 비롯한 금단 증상을 완화한다는 사실을 밝혀냈다. 특히 효과는 불법 약물을 사용한 사람들에게 크게 나타났다.[33]

이외에도 중독 치료에 운동이 어떤 역할을 하는지에 대한 연구는 수차례 있었다.[34] 메타암페타민에 중독되었던 100명이 넘는 사람들을 치료하기 위해 이들을 1년 동안 추적한 연구를 살펴보자. 앞서 뇌의 보상 시스템 재건에 걸리는 시간을 측정하는 연구에 참여했던 마이크의 친구인 하비에르와 엘리야도 이 연구의 대상자였다. 재활 치료를 시작할 당시 그 둘은 1년이 넘게 메타암페타민을 남용해온 상황이었다. 그들은 병원에서 기본 치료를 받으면서 연구를 위해 각기 다른 활동을 추가로 수행했다. 운동 그룹에 배정된 하비에르는 8주 동안 일주일에 세 번 1시간씩 운동했다. 전문 트레이너의 감독하에 네 가지 종류의 운동이 체계적으로 진행되었다.

1   **몸 풀기**: 러닝 머신 위에서 5분 동안 빠르게 걸으면서 몸을 예열한다.
2   **심장 강화 운동**: 1분 동안 뛰고 2분 동안 천천히 걷는다. 이 과정을 30분 동안 반복한다.
3   **근력 운동**: 팔, 다리, 코어 등 주요 근육을 자극하는 훈련을 15분 동안 한다.
4   **정리 운동**: 5분 동안 가벼운 스트레칭을 해 운동을 마무리한다.

반면 교육(통제) 그룹에 배정된 엘리야는 운동 그룹이 훈련을 받는 동안 마음 건강 전문가의 지도하에 체계적인 교육 프로그램을 이수했다. 스트레스 감소, 건강한 인간관계, 건전한 행동 등 절제력과 관련된 프로그램이었다.

연구에 참여할 당시에는 하비에르와 엘리야 모두 도파민 수용체가 고갈되어 쉽게 우울감과 불안을 느끼는 상태였다. 그런데 8주가 지나자 운동 프로그램을 착실히 이행한 하비에르의 도파민 수용체는 14퍼센트 증가했다. 마음 건강 관련 교육을 받은 엘리야는 어땠을까? 아쉽게도 증가율은 3퍼센트에 그쳤다.[35] 하비에르는 엘리야보다 우울감과 불안을 적게 느꼈고[36] 감정 상태도 더 많이 개선되었다. 이는 중독에서 벗어나려면 꾸준히, 자주 운동해야 정신 건강을 효과적으로 회복할 수 있다는 점을 시사한다.

다시 약물에 중독될 가능성도 교육 그룹보다 운동 그룹이 낮았다.[37] 다만 하비에르와 같이 1개월에 메타암페타민을 18일 이하로 사용한 경증 중독자에만 해당되는 이야기로, 하비에르보다 메타암페타민을 많이 사용했던 해리 같은 중증 중독자의 경우에는 운동 프로그램이 재발 위험을 낮추지는 못했다. 재활 운동에 빠짐없이 참여했어도 교육 그룹과 마찬가지로 재발 가능성이 높았다. 나는 이런 결과가 안타까웠다. 중증 중독자들도 운동을 하면 중독에서 벗어나게 만들 수는 없을까?

중증 중독자를 위한 운동 프로그램을 어떻게 개선했는지 이야기하기 전에, 운동 프로그램이 중독 치료에 효과적이었던 이유를 짚고 넘어가고자 한다.

1   도파민 분비를 극대화하는 심장 강화 운동과 중독자가 선호하는 다양한 근력 운동을 제공했다.[38] 구체적인 운동의 종류는 이 장의 끝 '중독된 뇌를 고치는 하루 10분 트레이닝'을 참조하라.

2   약물을 끊은 뒤 가능한 빠른 시일 내에 운동 프로그램을 실시하게 했다.[39]

3   운동 시설만 제공하지 않고 전문 트레이너가 감독해 체계적인 운동을 할 수 있도록 했다. 전문가의 감독하에 운동해야 하는 이유는 또 다른 참가자, 토니의 사례에서 찾을 수 있다. 토니는 교육 그룹에 배정되었지만 재활센터의 체육관은 누구나 이용이 가

능했기에 매주 80분 정도를 체육관에서 보냈다.[40] 여가 시간에 한 운동이 토니의 중독 상태를 어느 정도 개선하긴 했지만 감독의 지도하에 이루어지는 체계적인 운동을 한 하비에르에 비해서는 그 효과가 무척 미미했다.

이와 같은 운동 프로그램이 중독 치료에 효과적이었던 이유에서 중증 중독자 대상 프로그램을 어떻게 설계할지에 대한 실마리도 찾을 수 있었다.

체계적인 운동이 회복을 낳는다

집으로 돌아간 후에도 참가자들이 프로그램에 최선을 다해 참여하는 모습은 무척 감동적이었다. 하비에르의 일지에는 퇴원 후 첫 1개월 동안 매주 4시간 이상 운동을 했다고 적혀 있다.[41] 그렇지만 재활 중인 모든 중독자들이 운동을 계속한 것은 아니었다. 운동을 계속하지 않은 사람들의 대부분은 중증 중독자였다. 해리도 그중 한 명이었다.

꾸준히 운동하는 것이 왜 해리에게 그토록 힘들었을까? 더 큰 싸움에 직면하고 있었기 때문이다. 약물을 과다하게 사용하면 뇌, 그중에서도 특히 전전두피질이 심각하게 손상된다.[42] 불행히도 전전두피질은 합리적인 사고가 일어나는 영역으로, 충동을 억제하고 자기를 관리하는 기능을 수행한다. 모두 약물을 향한 갈망을 참아내고 꾸준히 운동을 하는 데 필요한 능력들이다.

엎친 데 덮친 격으로 보통 환자들은 중독이 가장 쉽게 재발하는 시기에 집으로 돌아간다. 이 때문에 운동을 지속하는 일은 더더욱 힘들어진다. 슬프게도 재활을 시작한 지 6개월 내에 메타암페타민 중독자의 50퍼센트가 다시 마약에 손을 댄다.[43] 도대체 이 시기에 무슨 일이 일어나는 것일까? 이 시기에 발생하는 갈망은 도파민이 고갈되어서 생기는 단순한 반응이 아니다. 약물과 쾌락에서 만들어진 강철보다 강한 연결고리가 다양한 자극에 쉽게 활성화되는 것이다. 사람, 장소 등 약물을 사용할 때 마주했던 모든 대상이나 감정이 트리거가 되어 약물을 사용하도록 꼬드긴다. 알코올 중독자들이 술집을 지나칠 때마다 유혹에 시달리는 것도, 파티에서 어울렸던 친구를 볼 때마다 술을 마시고 싶은 충동이 치솟는 것도 이 때문이다.

다양한 자극이 절제력을 위협하는 과정을 이해하기 위해서는 글루탄산염(glutamate)이라는 뇌 화학물질을 알아야 한다.[44] 글루탄산염은 뉴런들을 이어주는 두뇌의 풀과 같은 존재다. 문제는 글루탄산염이 강력 순간접착제처럼 약물과 쾌락 자극도 단단하게 붙인다는 것이다. 약물을 복용할 때마다 더 많은 글루탄산염이 연결고리에 붙고, 결국에는 약물과 자극 사이의 배선이 완전히 굳어버린다. 이는 공포 조건화와 같은 원리로 자극에 공포 대신 쾌락을 연결하는 것이다. 두뇌 배선이 굳어지면 자극을 마주할 때마다 약물을 기대하게 된다. 이 기대감이 약물을 끊을 때 마주하는 가장 큰 장애물이다. 자극만 있고 약물이 없으니 뇌는 공황 상태에 빠지고 금단 증상이 나타난다. 약물을 끊고 싶다면 자극이 있는 환경으로부터 물리적으로 멀어져야 하는 이유다. 자극이 없고 낯선 재활 시설에서는 절제력을 어느 정도 되찾을 수 있다. 하지만 집에 돌아가면 모든 것이 친숙하고 자극이 생생히 살아 있기에 약물을 향한 강렬한 갈망이 다시 엄습하는 것이다.

더 심각한 것은 절제 기간이 길어질수록 갈망은 강해진다는 점이다. 자극 때문에 생기는 갈망은 약물을 끊은 지 1개월가량 되었을 때 최고조에 이른다. 심한 경우 약을 끊은 지 6개월이 될 때까지 강력한 갈망이 지속되기도 한다.[45] 재활 시설에서 나온 직후에 운동을 지속하기 가장 힘들고, 약물을 끊은 뒤 첫 6개월 동안 재발 위험이 특히 높은 이유다. 다행히도 약물을 끊은 지 얼마 되지 않았을 때 운동을 하면 약물과 자극 사이의 관계를 약화하고 재발 위험을 낮출 수 있다.[46] 30분 동안 강도 높은 운동을 하면 갈망이 여섯 배 감소하고, 운동 후 최소 50분 동안은 약물에 대한 갈망을 느끼지 않을 수 있다.[47]

심지어 규칙적으로 운동하면 운동을 하지 않을 때도 갈망을 억제할 수 있다. 일주일에 세 번 30분씩 땀이 날 정도로 운동하면, 운동을 하지 않을 때에도 메타암페타민 중독자의 갈망이 크게 줄어든다는 점을 발견한 연구도 있다.[48] 운동한 지 단 6주 만에 중독자의 갈망은 줄어들었고 그 이후 6주 동안에도 갈망은 지속적으로 감소했다.

이제 다시 처음의 의문으로 돌아가보자. 어떻게 하면 중증 중독자에게 도움이 되는 운동 프로그램을 설계할 수 있을까? 해답은 간단하다. 감독하에 이루어지는 체계적인 운동 프로그램을 재활 시설에만 마련할 것이 아니라 실생활까지 확장해야 한다. 현재 여러 비영리단체들이 그런 일을 하고 있다. 대다수의 조직은 예전에는 중독자였지만 운동의 치유력으로 중독에서 벗어나고 꾸준히 운동을 즐기는 이들이 설립한 것이다. 뉴욕의 '오디세이 하우스', 오하이오의 '레이싱포리커버리', 필라델피아의 '백온마이피트' 등이 그렇다. 크로스핏 클럽들도 비슷한 역할을 하고 있다.[49] 이들은 모두 중독자가 약물로부터 영원히 해방될 수 있도록 지속적으로 지원한다.

최고의 공격은 예방

⫼⫼⫼⫼   "한 번도 안 핀 사람은 있어도 한 번만 핀 사람은 없다"라는 말처럼 중독되었던 뇌는 재발에 항상 취약하다는 사실을 잘 표현한 말은 없다.

가수 프린스 로저스 넬슨, 마이클 잭슨, 휘트니 휴스턴, 영화배우 필립 시모어 호프먼 등 약물 과다 복용으로 사망한 유명인들 이야기를 들을 때마다 우리는 저 교훈을 되새긴다. 호프먼은 20대 초반에 약물을 끊은 뒤 20년 넘게 멀리했지만 그의 뇌는 오랜 시간이 지난 후에도 여전히 약물의 쾌락을 기억하고 있었다. 결국 그는 약물 과다 복용으로 목숨을 잃었다. 모르는 사람들이 보기에는 갑작스런 죽음이었다.

휴스턴의 사망 보도 직후 미국의 언론인 빌리 오라일리는 〈투데이 쇼〉에서 휴스턴을 맹비난했다. 그는 휴스턴이 스스로 죽음을 앞당겼으며 그에 대해 사회가 해줄 수 있는 일은 없다고 말했다. 그는 중독이 정신질환인 것을 알고 있었지만 중독자가 의지를 조절할 수 있다고 생각한 것이다. "폐암에 걸리는 것은 자신의 의지로 어떻게 할 수 없는 일이지만 크랙(강력한 코카인의 일종)에 중독되는 것은 자신이 선택한 일이다"라고 말하며 스스로 중독으로 인한 두뇌 손상에 대해 얼마나 무지한지를 드러냈다.

만성적인 약물 남용이 이어지면 중독자의 뇌에는 자유의지가 사라진다. 운동이 뇌의 회복을 돕는 것도 사실이지만, 시간이 지날수록 그 효과는 서서히 떨어지기에 마약과의 전쟁에서 승리하기 위해서는 예방이 먼저다.

운동이 중독을 예방한다

운동은 약물의 유혹에 빠지기 쉬운 집단을 효과적으로 보호한다. 어느 집단이 약물에 가장 취약할까? 인간은 누구나 약물에 빠질 수 있지만 그중 뇌가 빠르게 발달하고 있는 10대가 특히 위험하다.[50]

10대의 뇌에서는 뉴런과 기타 뇌세포로 구성된 회백질과 그물망처럼 모든 회백질을 하나로 연결하는 백질에 대한 점검이 이루어진다. 호기심이 많은 10대의 뇌는 회백질을 과도하게 생산하고 그 절반을 전전두피질에서 폐기한다. 이로 인해 10대에는 감정을 조절하고 충동을 제어하는 전전두피질이 온전히 작동하지 않아 중독에 더 취약한 것이다.

사춘기까지의 이러한 뇌의 점검 활동은 자신의 환경에 기반한다. 물론 일부 연구자는 10대의 뇌가 덜 발달되어 있는 이유를 그들의 더 많은 경험을 촉진하기 위한 설계라고 가정하기도 한다.[51] 그러나 10대 뇌의 왕성한 학습은 진화론적 관점에서는 생존에 유용하지만, 약물 중독에 있어서는 오히려 해가 된다. 이를테면 중독자 자녀의 경우 부족한 도파민 수용체를 보충하기 위해 쉽게 약물에 손을 댈 수도 있기 때문이다.[52]

도파민 보상 체계에는 성별의 차이가 존재하는데 여성의 뇌는 보상 경험에 더 큰 자극을 받는다.[53] 때문에 지금까지는 여학생보다 남학생의 약물 중독률이 더 높았다. 그러나 그 격차는 점점 줄어들고 있다.[54] 10대를 포함한 중독에 취약한 이들을 올바르게 보호하는 방법은 무엇일까? 최신 연구는 그동안 우리가 잘못된 방법으로 약물 취약 집단을 보살피고 있었다는 사실을 일깨운다.[55] 그동안 우리는 최대한 마약과의 접점을 줄이는 방법을 써왔는데 그보다는 신체 활동을 토대로 건강한 삶의 방법을 알려주는 것이 중독 예방에 더 효과적이었다. 또 다른 연구도 있다. 로드아일랜드의 4,000명 가량의 중학교 1학년 학생들을 대상으로 중독 예방법을 실험한 것이다. 학생들은 두 프로그램 중 하나에 무작위로 배정되었다.

- 흡연과 음주를 방지하는 일반적인 중독 예방 프로그램
- 전자기기 사용 시간을 줄이면서 신체 활동을 늘리고 건강한 식습관을 만드는 데 집중하는 에너지 균형 프로그램

두 프로그램은 모두 3년 동안 5회 진행되었고 결과는 놀라웠다. 에너지 균형 프로그램에 참여한 10대들은 중독 예방 프로그램에 참여한 10대에 비해 흡연 및 음주에 훨씬 덜 빠졌다. 이 연구는 뇌가 약물을 사용함으로써 익어버리는 광고 등 1980년대 마약 예방 캠페인의 효과에 강력한 의문을 제기한다. 왜 일반적인 중독 예방 프로그램은 성과를 거두지 못할까? 연구진은 중독 예방 캠페인이 오히려 10대들의 호기심을 자극하는 역효과를 냈을 가능성을 지적한다. 10대 자녀들에게 무엇인가를 "하지 말라"고 말해본 경험이 있다면 이해하기 쉬울 것이다. 10대에게는 무엇을 "하지 말라"고 제한하기보다 운동 등 건강한 삶의 방식을 가르치는 편이 훨씬 효과적이다. 이것이 보편적인 마약 예방 프로그램이 지니고 있는 한계다.

에너지 균형 프로그램은 바로 그 건강한 삶의 방식을 가르친다. 신체 활동으로 더 많은 도파민을 얻는 방법을 알려주었고, 결과적으로 신체 활동이 많은 10대는 그렇지 않은 이들보다 알코올과 약물에 덜

빠져들었다.[56] 운동은 남학생과 여학생 모두를 긍정적으로 변화시켰다. 특히 여학생의 경우 중독에 취약한 특성에 따라 운동에도 쉽게 빠져들어 더 큰 혜택을 누렸다.

여성이 남성보다 덜 움직이는 경향은 미국뿐만 아니라 전 세계에서 관찰된다.[57] 이런 점을 고려할 때 여학생을 대상으로 하는 달리기 프로그램은 중독에 취약한 환경에 처한 고위험 청소년을 약물로부터 보호하는 탁월한 방법이다. 우리 집 근처에 위치한 FAB(Fit, Active, Beautiful)라는 달리기 클럽이 그 예다. 여학생들은 운동을 통해 스스로 무언가를 결정하는 데 필요한 자신감을 얻는다. 내가 가르치는 대학원생 중 한 명도 이 단체의 자원 봉사 코치로 11~14세 여학생들이 5킬로미터를 달릴 수 있게 훈련시킨다. 여학생들은 훈련을 받으며 인생의 가장 취약한 시기를 헤쳐 나갈 수 있는 강인한 정신을 얻는다.

자전거를 타며 중독에서 벗어나다

[🏋] 내 어린 시절에도 여학생을 위한 달리기 클럽이 있었다면 얼마나 좋았을까? 나는 결핍된 도파민을 채우기 위해 방황했고 그 과정에서 어리석은 선택을 하기도 했다. 그리 자랑스럽지 않은 과거이지만 10대가 중독에 얼마나 취약한지 각성시키고자 공개한다. 나는 어릴 적 담배에 손을 댔다. 아버지가 흡연가였기 때문에 시작이 더욱 쉬웠다. 공교롭게 흡연을 시작한 시기는 수영을 그만둔

여름이었다. 친구들과 나는 담배의 느낌만 확인하자고 다짐했으나, 얼마 지나지 않아 나는 담배가 없으면 안절부절못하는 사람이 되어 버렸다. 그 과정은 너무나 자연스러워 죄책감도 느끼지 못했다.

평소 스스로를 마음먹은 일을 해내고야 마는 집요한 사람이라고 생각했지만 나는 세 번의 시도 끝에 간신히 금연에 성공할 수 있었다. 애석하지만 이것이 정상이다. 통계 자료를 살펴봐도 금연했던 흡연자 중 절반이 1년 안에 다시 담배를 핀다.[58] 처음 두 번의 금연 시도 때는 니코틴이 주던 도파민을 음식으로 대체하려고 노력했다. 초콜릿 케이크, 딸기 아이스크림, 치즈 등 상상할 수 있는 모든 기름지고 맛있는 음식을 먹어치웠다. 그 결과는 어땠을까? 나의 뇌는 담배 대신 음식을 갈망하기 시작했다. 과식은 약물과 비슷한 방식으로 보상 시스템을 지배하면서 사람을 음식 중독으로 이끌기 때문이다.[59] 담배는 끊었지만 살이 찌고 건강은 좋아졌다고 말할 수 없는 상태였다.

처절한 노력으로 건강한 식습관을 회복하고 살도 뺐지만, 스트레스를 받는 상황이 오면 담배를 피우고 싶다는 충동이 걷잡을 수 없을 만큼 크게 일었다.[60] "한 모금 피우는 게 뭐 얼마나 나쁘겠어?"라고 뇌가 나를 꼬드겼다. 이 유혹에 몇 번 넘어가자 자극과 담배 사이의 강철 같은 연결고리가 되살아났고 나는 다시 담배에 완전히 빠져버렸다.

다행히도 대학원 때 시도한 세 번째 금연은 성공이었다! 낡은 로드 바이크를 막 얻은 참이었던 나는 담배나 음식 대신 운동으로 도파민 결핍을 대체했다. 효과는 굉장했다! 물론 운동을 더 일찍 했더라면 아예 중독되지 않았겠지만 말이다. 하지만 하지 않는 것보다는 낫지 않은가?

중독된 뇌를 고치는 하루 10분 트레이닝

- 난이도: 초급
- 뇌과학적 목표: 뇌가 갈망하는 보상 지급하기
- 마인드셋: 뇌신경을 다시 배선한다고 생각하자

월	화	수	목	금	토	일
걷기	뇌신경 복구 운동	변형 걷기 3	뇌신경 바로잡기 운동	변형 걷기 4	배선 고정 운동	휴식

◆ 뇌신경 복구 운동

5분간 천천히 걸으면서 몸을 푼 뒤, 1세트의 1~4번까지의 동작을 정해진 횟수만큼 반복한다. 그다음 2분간 휴식한 뒤 2세트의 동작을 정해진 횟수만큼 반복한다. 만약 운동이 쉽게 느껴지면 각 동작 횟수를 15회(시간일 경우 40초)로 늘리고 전체를 3회 반복한다.

1세트

순서	종류	횟수(시간)	참고
1	팔 굽혀 펴기	10회	294쪽
2	원암 덤벨로우	한쪽당 10회	292쪽
3	버드 독	한쪽당 10회	276쪽
4	바이시클 크런치	한쪽당 10회	273쪽
마무리	휴식	2분	-

2세트

순서	종류	횟수(시간)	참고
1	런지	한쪽당 10회	268쪽
2	변형 브릿지	한쪽당 10회	279쪽
3	마운틴 클라이머	한쪽당 10회	270쪽
4	사이드 플랭크	한쪽당 30초	283쪽
마무리	휴식	2분	-

◆ 변형 걷기 3

1. 편안한 걸음걸이로 천천히 5분간 걷는다.
2. "갈망을 없애버리자"라는 생각으로 1분간 빠르게 걸은 후 2분간 천천히 걷는다. 이 과정을 6회 반복한다.
3. 마지막에는 10분간 천천히 걸으며 마무리한다. 만약 운동이 쉽게 느껴지면 횟수를 매주 1회씩 늘린다.

◆ 뇌신경 바로잡기 운동

5분간 천천히 걸으면서 몸을 푼 뒤, 1~4번까지의 동작을 정해진 횟수만큼 반복한다. 그다음 2분간 휴식한다. 만약 운동이 쉽게 느껴지면 전체를 1~2회 반복한다.

순서	종류	횟수(시간)	참고
1	팔 벌려 뛰기	30초	297쪽
2	마운틴 클라이머	30초	270쪽
3	스케이터	30초	285쪽
4	무릎 올려 제자리 뛰기	30초	271쪽
마무리	휴식	2분	-

◆ 변형 걷기 4

1. 편안한 걸음걸이로 천천히 10분간 걷는다.
2. "내 몸에 엔도르핀이 차오른다"라는 생각으로 1분간 계단을 힘차게 올랐다가 다시 내려와 30초간 쉰다. 이 과정을 5회 반복한다.
3. 마지막에는 10분간 천천히 걸으며 마무리한다. 만약 운동이 쉽게 느껴지면 계단 오르는 시간을 매주 1분씩 늘린다.

◆ 배선 고정 운동

5분간 천천히 걸으면서 몸을 푼 뒤, 1세트의 1~4번까지의 동작을 정해진 횟수만큼 반복한다. 그다음 2분간 휴식한 뒤 2세트의 동작을 정해진 횟수만큼 반복한다. 만약 운동이 쉽게 느껴지면 각 동작 횟수를 15회(시간일 경우 40초)로 늘리고 전체를 3회 반복한다.

1세트

순서	종류	횟수(시간)	참고
1	숄더 프레스	10회	284쪽
2	리버스 플라이	10회	269쪽
3	우드차퍼	한쪽당 10회	291쪽
4	데드 벅	한쪽당 10회	264쪽
마무리	휴식	2분	-

2세트

순서	종류	횟수(시간)	참고
1	와이드 스쿼트	10회	290쪽
2	사이드 레그 레이즈	한쪽당 10회	280쪽
3	변형 사이드 레그 레이즈	한쪽당 10회	281쪽

4	플랭크	30초	299쪽
마무리	휴식	2분	-

5장

늙기 싫다면 운동하라

> 재미는 나이를 묻지 않는다.
> _작자 미상

운동을 꾸준히 한 뒤 노인이 된 자신을 한번 상상해보자. 당신은 나이를 꽤 먹었지만 스스로 늙었다고 생각한 적은 거의 없다. 외롭고 병든 채 변화를 두려워하는 대부분의 노인과 달리 당신은 항상 생기가 넘친다. "넌 정말 젊어 보인다!"라고 친구들이 입을 모아 감탄하고 사람들은 "비결이 뭐예요?"라고 묻는다. "하루에 한 번 산책을 하면 치매를 예방할 수 있어요"라고 당신이 답한다.

어느 날 오랜 친구 한 명을 만났다. 당신보다 훨씬 늙어 보이는 탓에 동갑이라고 밝히면 사람들이 깜짝 놀라곤 했던 친구다. 지난해 아내가 세상을 떠난 이후로 홀로 외로이 살던 그는 이번 건강검진에서 여러 수치들이 급격히 나빠졌다는 경고를 받았다고 했다. 의사는 그에게 이제 운동하지 않으면 위험한 상황이라고 진지하게 충고했다고 한다. 예상치 못한 나쁜 소식에 당신은 깜짝 놀랐다. 친구는 "정말 하루 한 번 산책으로 치매를 예방할 수 있어?"라며 당신에게 묻는다.

그 말이 사실이길 절박하게 바라는 눈빛이다.

　그 길로 친구도 당신을 따라 산책을 시작했다. 당신이 평소에 걷던 대로 걸으면 친구는 저 멀리 뒤처져 있기에 어쩔 수 없이 속도를 늦추고 운동량도 한 바퀴로 줄였다. 다행히도 친구는 다음 날에도 공원에 나왔다. 그렇게 몇 주가 지나고 계절이 바뀌고 1년이 지났다. "너랑 산책하다 보면 시간 가는 줄 모르겠어"라고 두 사람은 동시에 똑같이 말하고는 웃음을 터뜨렸다. 처음에 공원 한두 바퀴를 도는 게 전부였던 산책은 이제 꽤 운동다워졌다. 둘은 열 바퀴를 빠른 속도로 걷는다. 이마저도 부족해 일부러 경사진 길을 찾아다닌다. "운동을 대신하는 알약이 있대"라며 당신은 아침 신문에서 보았던 소식을 들려주었다. 하지만 친구는 조용히 미소를 지으면서 이렇게 말했다. "운동을 대신하는 알약? 그런 게 굳이 필요할까?"

　이 장에서는 노화에 대한 고정관념이 두뇌 건강을 위협한다는 사실을 알아볼 것이다. 또 노화를 늦추고 두뇌 건강을 유지하는 데 좋은 운동을 소개할 것이다. 당신이 아직 중년이 되기 전이라면 더 집중해서 읽기를 바란다.

나이는 마음의 문제

[╟╢]　　　　　　　"당신은 혼자가 아니에요!" 몽트랑블랑에서 경기를 하던 내게 누군가 이렇게 소리쳤다. 이 말은 한동안 내 뇌리에 깊숙이 박혀 있었다. 나는 철인3종 경기의 이런 동지애를 사랑한다.

함께 땀 흘리며 친해지고 서로 의지하며 흥미진진한 모험을 떠난다. 우리는 서로에게 경쟁자이기 전에 소중한 '운동 친구'인 것이다.

어느 날 내 운동 친구 두 명이 뉴질랜드에서 열리는 하프 철인3종 세계 챔피언십의 참가 자격을 얻었다. 그 소식을 듣자마자 나도 세계 챔피언십에 참가하고 싶었다. 세계 챔피언십에 참가하려면 나는 기록을 단축해야 했다. 머릿속으로 계산기를 두드렸다. 나와 세계 챔피언십 대회 사이에는 30분의 커다란 벽이 존재했다. 내 나이에 한계를 뛰어넘는 일이 과연 가능할까?

그러다 어느 날 내가 참여했던 몽트랑블랑 대회의 1등선수인 미린다 칼프래가 실은 나보다 2주가량 먼저 태어났다는 놀라운 사실을 알게 되었다. 나는 충격에 휩싸였다. 생각이 바뀌었다. 나라고 못하리란 법은 없었다. 내 생각에 코치도 동의하는지 확인하려고 바로 훈련 스케줄을 잡았다. 레이크 플래시드에서 열리는 다음 예선전까지 남은 시간은 10주밖에 없었지만, 코치도 내 도전이 충분히 해볼 만하다고 동의했다. 그는 내가 최상의 컨디션을 유지하도록 단기간 집중 프로그램을 짜주었다.

운동 친구들과 열심히 훈련하는 동안 시간은 하염없이 흘러갔다. 예선전이 다가올수록 나에 대한 의심이 고개를 들었다. "마흔을 넘긴 사람이 운동을 시작한 지도 얼마 되지 않았으면서 세계 챔피언십에 나가겠다는 거야? 정신 나갔군!" 운동을 늦게 시작했다는 사실에서 파생된 부정적인 생각들이 나를 끊임없이 괴롭혔다.

그러던 중 마돈나 뷰더 수녀, 일명 '철의 수녀'를 알게 되었다. 86세인 그녀는 마흔 번 넘게 철인3종 경기를 완주했고 지금도 다음 경기를 준비하고 있었다. 심지어 그녀로 인해 철인3종 경기 여성부에 새로운 연령 부문이 추가되었다. 뷰더 수녀는 나이에 걸맞게 행동하라는 어머니의 조언을 받아들이는 대신 '나이는 마음의 문제'라는 자기 신념대로 살아왔다. 그녀는 운동이 주는 에너지 덕분에 나이를 먹고 있다는 것을 실감하지 못했다.

세상이 노화를 바라보는 고정관념

[⫚]　　　　　　"세상에 나이 드는 것만큼 비참한 건 없어"라고 누군가는 말할지도 모른다. 안타깝게도 모든 사람이 철인 수녀의 철학에 동의하는 것은 아니다. 노화가 비참하다는 말에도 일리가 있다. 노화는 우리에게서 활력을 다 빼앗아간 뒤 우울함을 안겨준다. 사방의 대중매체는 생기 넘치는 20대의 미남 미녀들을 보여주면서 나이 듦을 더 비극적으로 연출한다. 이를테면 이런 식이다. "도와드릴까요?"라고 20대 젊은이 한 명이 공손히 묻는다. 노인은 무척이나 고마워하며 젊은이에게 의지한다.

당신은 쇠약한 몸을 볼 때마다 우울하고 외롭다. 세상은 너무나 빨리 변해서 도저히 따라갈 수가 없다. 게다가 노화에 대한 고정관념은 자존감과 자신감까지 갉아먹는다. 노화는 '악'이요, 젊음은 '선'이라는 생각은 시대에 뒤떨어진 것이다. 특히 요즘에는 베이비붐 세대들이 나이보다 젊은 모습으로 왕성히 활동하는 것을 쉽게 볼 수 있지 않은가?

이쯤에서 한 가지 의문이 생긴다. 어린이는 노인에 대해 어떻게 생각할까? 이를 알아보기 위해 나는 딸아이와 친구들을 데리고 간단한 실험을 했다. 나는 아이들에게 젊은 사람과 나이 든 사람을 그려달라고 부탁했다. 아이들의 그림은 시간의 흐름에 따라 변화하는 여성의 삶을 너무나 세밀하고 아름답게 묘사해 충격적이었다. 아기가 자라서 엄마가 되고 할머니가 되었는데 나이가 들수록 덩치는 줄어들어 마지막에는 어린이와 비슷한 크기로 묘사되었다. 할머니는 지팡이까지 들고 있었다.

어쩌면 실험 설계에 결함이 있었을지도 몰랐다. 학자들에 따르면 어린이의 그림으로 노인에 대한 인식을 포착하는 것은 매우 힘든 일이었다.[1] 그래서 나는 새로운 실험을 고안했다. 이번에는 내 딸 모니카에게 노인을 말로 묘사해달라고 부탁했다.

"다정하고, 상냥하고, 현명해"라고 아이가 대답했다. 나는 "역시 엄마 딸이네! 누구 생각하면서 이야기한 거야?"라며 뿌듯한 마음으로 물었다. 아이의 대답은 이어졌다. "할머니." 건강하고 활동적인 자기 할머니를 떠올린 것이었다. 그렇다면 모니카는 모든 노인을 그렇게 생각하는지 궁금했다. 나는 다시 질문했다. 이번에는 할머니가 아닌 아무 노인을 생각하도록 했다. 대답이 곧바로 나왔다. 아이는 목소리를 낮추고 으르렁거리듯 말했다. "크랭키! 우리 마당에서 당장 나가!" 크랭키는 옆집에서 키우는 늙은 개다.

연구에 따르면[2] 내 딸을 비롯한 대부분의 어린이는 노화에 대해 이중 기준을 지니고 있다. 자기가 알고 있는 노인은 공경하고 높이 평가하지만 낯선 노인에게는 차별적이고 가혹한 고정관념을 적용한다. 이는 같은 노인을 두 어린이가 다르게 볼 수 있다는 사실을 의미한다. 한 아이는 '사람'을 보고 다른 아이는 '고정관념'을 보는 것이다.

실험 결과를 보고 "요즘 애들이란!"이라고 하면서 웃어넘길지도 모르겠다. 하지만 그냥 넘길 일이 아니다. 고정관념은 처음에 아이가 노인을 보는 방식에만 영향을 미치지만 나중에는 노인을 대하는 방식까지 지배한다. 그리고 여기에서 뜻밖의 결말도 등장한다. 그 어린이가 노인이 되었을 때 노화에 대한 가혹한 관점이 자신을 향하는 것이다. 일종의 자기충족적 예언인 셈이다. 나이 든 자신을 우울하고, 외롭고, 병들고, 구시대적인 사람이라고 여기게 된다.[3] 이것이 우리가 나이 먹는 것을 끔찍이 싫어하는 이유다.

치매는 두려움을 먹고 자란다

이 시대에 치매가 노화와 동의어가 된 지 오래다. 사람들은 치매에 걸려 기억을 조금씩 잃다가 결국 자신이 누구인지까지 잊는 상황을 수치스럽게 생각한다.

뿐만 아니라 알츠하이머병에 대해 널리 퍼진 고정관념은 우리를 더욱 두렵게 한다. 영화 《스틸 앨리스》는 알츠하이머병 진단을 받은 앨리스라는 여성을 통해 노화와 치매를 둘러싼 편견과 혐오를 날카롭게 포착한다. 앨리스는 병의 파괴적인 증상뿐 아니라 사람들의 굴욕적인 시선도 견뎌야 했다. 그녀는 이렇게 고백했다. "차라리 암에 걸렸다면 좋았을 텐데. 그랬다면 이런 수치심은 느끼지 않았을 거야." 함께 영화를 본 나와 엄마 둘 다 이 장면에서 마음이 아파 눈물을 흘렸다. 엄마는 정신적으로나 신체적으로나 건강하고 활동적이지만, 치매 초기 증세가 있는 외삼촌 때문에 항상 알츠하이머병을 두려

위한다. 거정에 가득 찬 엄마에게 나는 다음 두 가지를 설명했다.

- 노화는 치매가 아니다.
- 치매를 걱정하면 오히려 해가 된다.

내 설명을 들은 엄마는 이렇게 말했다. "겁을 내봤자 달라지는 게 없다는 거 알아. 하지만 실제로 행동으로 옮기는 건 별개의 일이야." 그렇지만 아직 일어나지 않은 최악의 상황을 걱정하면서 삶을 행복하게 사는 것은 불가능한 일이다.

실제로 100명이 넘는 노인을 대상으로 진행된 한 연구에서 기억력이 나빠질까 봐 걱정할수록 사고능력이 떨어진다는 점이 드러났다.[4] 연구에 참여했던 패트릭과 나빈은 친구 사이였다. 둘 다 고등 교육을 받은 60세였고 몸 상태와 기억력에는 아무런 이상이 없었다. 그날까지는 말이다.

연구원은 둘에게 이렇게 말했다. "이 단어들을 암기해주세요. 나중에 단어를 잘 기억하는지 시험을 볼 겁니다." 연구원은 실험을 설명하면서 단어 30개가 적힌 종이를 한 장씩 나누어주었다. 패트릭과 나빈은 목록에 있는 단어를 2분 동안 암기했고 연구원은 그들을 각기 다른 그룹에 배정했다.

1 비위협 그룹에 배정된 패트릭은 나이에 대한 질문을 받지 않았고, 실험 목적이 나이와 상관없다는 설명을 들었다.
2 위협 그룹에 배정된 나빈은 나이에 대한 질문을 받았고, 실험 목적이 청년층과 노년층 간의 기억력 격차를 진단하는 것이라는

설명을 들었다.

이렇게 한 이유는 무엇일까? 사회적 인식이 개인의 신체 노화에 미치는 영향을 살피기 위해서였다. 때문에 나빈에게는 연령 격차를 강조해 노인이 젊은이보다 기억력이 좋지 않다는 점을 상기시킨 것이다. 연구원은 그에게 나이를 물음으로써 그가 노인이라는 점을 다시 한번 인지하게 했다.

이 연구의 결과는 예상한 대로였다. 나이 들면서 뇌가 쇠퇴한다고 의식하는 것만으로도 나빈의 기억력은 손상되었다. 그는 패트릭보다 적은 단어를 기억했다. 그러나 연구진은 이와 같은 결과에 의외로 놀라지 않았다. 나빈처럼 비교적 젊고 교육을 잘 받아 평균 이상의 삶을 사는 사람들은 치매에 걸릴까 봐 그 누구보다 걱정을 많이 한다는 사실을 알고 있었기 때문이다. 연구진은 이와 같이 사고능력에 아무 문제가 없음에도 치매를 지나치게 의식하는 노인들을 '건강 염려증'으로 분류했다. 그들의 설명은 이렇다. "건강 염려증을 지니고 있는 노인들은 기억력이 감퇴할까 봐 지나치게 걱정하느라 현재의 순간에 주의를 집중하지 못합니다. 그래서 기억력에 문제가 전혀 없음에도 손상된 것처럼 보이곤 합니다."

고정관념은 현실이 된다

고정관념은 기억력뿐 아니라 걷기와 같은 기본적인 신체 기능까지 위협한다. 노인들의 행동이 느리다는 고정관념은 스스로의 머릿속

깊이 스며들어 무의식을 지배한다.

패트릭과 나빈이 참여한 연구에서[5] 연구진은 두 사람에게 45미터의 복도를 가능한 한 빨리 걸어달라고 요청했다. 패트릭과 나빈은 같은 속도로 복도를 걸었다. 두 사람이 복도 끝 각각 다른 컴퓨터 앞에 앉았을 때 모니터에는 몇 개의 단어들이 깜빡거리고 있었다. 연구진은 두 사람에게 화면에서 깜빡거리는 단어의 위치를 말하도록 지시했다. 단어는 너무 빠른 속도로 나타났다 사라졌고 때문에 무슨 단어인지는 알 수 없었다. 그러나 깜빡거리는 단어의 위치는 충분히 알 수 있었다. 또한 읽을 수는 없는 속도였지만 뇌에 입력되기에는 충분한 속도였다. 그리고 두 사람의 모니터에 나타난 단어는 서로 달랐다.

1 패트릭의 모니터에는 '현명한', '눈치가 빠른', '기량이 뛰어난' 등 노화에 대한 긍정적인 단어들이 나왔고, 이는 패트릭의 고정관념을 감소시켰다.
2 나빈의 모니터에는 '노망난', '의존적인', '병에 걸린' 등 노화에 대한 부정적인 단어들이 나왔고, 이는 나빈의 고정관념을 강화시켰다.

모니터를 본 후 두 사람은 다시 걷기 실험에 참여했다. 긍정적인 단어들이 잠재력을 일깨워준 덕분에 패트릭은 평균 속도보다 빠르게 걸었다. 반면 노화에 대한 부정적인 고정관념에 발이 묶인 나빈은 그러지 못했다. 정말이다. "속도가 느려진다고요? 악몽이 따로 없네요!"라고 철인3종 경기 예선에서 만난 나이 든 선수가 말했다.

고정관념은 나이 든 사람들에게 실존하는 위협이다. 특히 경기 당일 연령 그룹별 출발 시간 때문에 나이에 관한 질문을 받을 경우, 고정관념은 금세 되살아나 기록을 위협하곤 한다. 이 질문의 근간에는 젊은 선수들이 나이 든 선수보다 빠르다는 가정이 존재하기 때문이다. 생물학적 관점으로만 보면 맞는 말이다. 하지만 우리의 정신은 차이를 과장하기에 이러한 생각을 하는 것만으로도 몸의 힘이 축 빠진다. 나는 몽트랑블랑에서 전속력으로 물살을 가르는 20대 선수들을 보며 이러한 느낌을 받았다.

유전자는 바꿀 수 없지만
습관은 바꿀 수 있다

[⫶]   우리의 뇌는 간편하고 신속하게 판단을 내릴 수 있기에 고정관념을 좋아한다. 때문에 사람들을 끊임없이 분류하고 같은 그룹 사람들에게 같은 규칙을 일괄 적용한다.

내 딸과 친구들이 그린 그림을 통해 확인했듯이 쇠퇴는 노화의 필연적인 규칙이다. 다만 모두가 같은 속도로 쇠퇴하는 것은 아니다. 유전자와 생활습관에 따라 노화의 속도와 정도는 크게 달라진다. 당신은 남들보다 더 빨리 많이 노화되는 유전자를 물려받았을 수도 있다. 하지만 그것을 당신의 운명으로 받아들여서는 안 된다. 비록 네 명 중 한 명이 치매의 위험성을 높이는 아포지방단백E(ApoE, Apolipoprotein E)중 에타4 유형을 물려받지만 그렇다고 그들이 무조건 치매에 걸리는 것은 아니기 때문이다. 또한 반대로 건강한 유전자를 물려받았다고 치매로부터 무조건 안전한 것도 아니다. 왜일까? 생활습관이 유전자보다 더 크게 작용하기 때문이다. 이처럼 생활습관은 당신의 생각보다 훨씬 중요하다.

우리 연구소의 연구 결과에 따르면 신체 활동이 부족하면 건강한 유전자는 전혀 힘을 발휘하지 못한다.[6] 노인 1,600명을 대상으로 한 연구에서 신체 활동을 적게 하는 사람의 치매 발병률이 유전적 원인이 있는 사람과 비슷하다는 사실을 발견한 것이다. 이 결과는 유전자뿐 아니라 활동량 부족이 치매 발병에 기여한다는 것을 시사한다. 잊지 말아야 할 사실은 유전자는 바꿀 수 없지만 생활습관은 바꿀 수 있다는 것이다.

이제 자신의 두뇌 건강에 점수를 매겨보자. 학교에서 받는 성적표와 마찬가지로 점수는 선천적인 능력과 후천적인 노력의 조합에 따라 좌우된다. 높은 점수를 받는 학생들은 똑똑한 학생들이 아니라 열심히 공부하는 학생들이다. 즉 A+ 유전자를 타고나지 않았더라도 노력하면 뇌 건강에서 합격점을 받을 수 있다. 어떤 노력을 하면 될까? 바로 운동이다.

늦은 나이에도 신체 활동성에서 A+를 받는 이례적인 사람은 세상에 차고 넘친다. 70년 넘게 남자들만 출전할 수 있었던 보스턴 마라톤을 완주하면서 스포츠계의 차별을 극복한 캐서린 스위처도 그중 하나다. 1967년 보스턴 마라톤에서 감독관은 캐서린을 실격시키기 위해 그녀의 번호표를 찢으려고 했다. 단지 그녀가 여자라는 이유였다. 여성의 마라톤 출전을 막는 규칙이 존재한 것은 아니었다. 그저 여성은 '너무 약해 다칠 수도 있으니 안 하는 것이 낫다'라는 여론이 지배적이었을 뿐이다. 스위처는 편협한 견해가 자기가 가는 길을 막게 두지 않았다. 그녀는 달리고 또 달렸고 결국 공식적으로 보스턴 마라톤을 완주한 최초의 여성이 되었다.

그리고 2017년 70세였던 스위처는 보스턴 마라톤에 다시 출전했다. 이번에는 성별이 아닌 나이 때문에 우려의 시선을 받았다. 그러나 또 한번 스위처는 편협한 견해를 뛰어넘었다. 그녀는 4시간 44분의 기록으로 마라톤을 완주했다. 50년 전 첫 출전 기록에서 단 24분 뒤처졌을 뿐이었다. 더구나 이번에는 혼자가 아니었다. 200명의 고령 참가자들이 그녀와 함께 뛰었고 그중 33명은 여성이었다. 그 33명 중에는 84세의 캐서린 바이어스도 있었다. 바이어스는 2017년뿐 아니라 그다음 해인 2018년에도 완주해 보스턴 마라톤을 완주한 가장 나이 많은 여성으로 기록되었다.

스위처와 바이어스와 같은 35세 이상의 운동선수를 마스터 선수(master athlete)라고 부른다. 그들은 어떻게 그런 영예를 얻을 수 있었을까? 인생 내내 신체 단련을 게을리하지 않았기 때문이다. 단순한 칭호가 아니다. 운동으로부터 엄청난 건강의 혜택을 누려왔다는 징표인 것이다.

그렇다고 노화에서 좋은 성적을 받기 위해 풀코스 마라톤을 완주해야 하는 것은 아니다. 세상에는 마라톤을 하지 않더라도 명예 마스터 선수가 될 만한 놀라운 노인들이 많다. 이를테면 지난여름 자전거 경주에서 나를 이긴 텡, 동네 체육관에서 항상 나보다 무거운 역기를 드는 마틴, 뇌졸중을 겪은 후 다시는 걷지 못할 것이라는 진단을 받았지만 매일 지팡이를 꺼내 산책에 나서는 샌디와 같은 이들이 그렇다.

두뇌 건강을 지키고 노화를 늦추는 '노화 101'

🏋️ 혹시 당신도 이들처럼 나이 들어도 건강하고 싶지만 어떻게 준비해야 할지 모르겠는가? 뇌 건강을 지키고 노화를 늦추는 비법을 알려주는 수업을 마련했다. 담당 교수(물론 나다!)의 환영 인사를 먼저 읽어보자.

> 안녕하십니까!
> 노화 101 과정에 오신 것을 환영합니다. 여러분을 가르치게 되어 무척 기쁩니다. 여기에서 여러분은 신체 활동으로 얻을 수 있는 두뇌 건강에 대해 배울 것입니다. 수업은 총 4회로 이루어져 있고, 각 수업은 모두 다음 과정으로 진행됩니다.
>
> 1. 최신 연구 자료 읽기
> 2. 연구 결과를 삶에 적용하기
>
> 수업이 끝나면 여러분은 나이와 체력에 관계없이 모두 최적의 뇌 건강을 유지할 수 있을 것입니다.
>
> 당신의 건강을 빌며,
> 헤이즈 박사

1교시: 운동의 필요성

자료 읽기 앉아 있는 습관이 치매로 나아가는 과정

일이 너무 많은 탓에 당신은 도무지 정신을 차릴 수 없는 나날을

보내고 있다. 매일 새벽같이 출근해 온종일 자리에 앉아 있다가 퇴근하기 일쑤다. 나를 찾아온 당신은 "출퇴근도 운동이라고 할 수 있지 않나요?"라고 묻는다. "걷지도, 자전거를 타지도 않았는데 운동이라고 할 수 있을까요?"라고 나는 선을 긋는다.

퇴근해서도 움직임이 없는 생활은 계속된다. 집에 도착한 당신은 배가 고프고 피곤해서 아무것도 할 수 없다. 저녁을 먹은 후 TV를 보다가 잠에 들 뿐이다. 그러고는 다음 날 아침 무거운 몸을 이끌고 똑같은 일과를 반복한다. 주말이 되자 당신은 아이들과 놀아주기로 마음먹는다. 아이들이 좋아하는 술래잡기를 한다. 아이들은 당신 주위를 뛰어다니다 "잡았다! 이제 아빠가 술래야!"라고 말한다. 그런데 숨이 차서 도저히 아이들을 잡을 수가 없다. "언제 몸이 이렇게 안 좋아진 거지?"라고 당신은 걱정스레 중얼거린다. 결국 매년 받는 건강검진에서 기대와는 거리가 있는 이야기를 듣고 만다. 수축기 혈압이 130mmHg에 확장기 혈압이 80mmHg로 경계성 고혈압이다. 의사는 소금과 알코올 섭취를 줄이고, 과일과 채소를 많이 먹으면서 운동을 하라고 조언한다.

어찌어찌 식단을 개선하는 데는 성공했지만 운동은 여전히 하지 않고 있다. 건강한 식단이 가져다준 변화는 그리 크지 않았다. 다음 건강검진에서 심혈관 질환의 가능성이 있다는 진단을 받게 된 것이다. "앞으로 심장병, 뇌졸중, 치매 가능성을 모니터링해야겠습니다"라고 의사가 말한다. 병원을 빠져나온 당신은 투덜거린다. "나이 드는 건 정말 별로야!" 하지만 이 말은 틀렸다. "건강을 잃는 건 정말 별로야!"라고 이야기해야 했다.

"그런데 고혈압인데 왜 치매 가능성을 모니터링하는 걸까요?"라고 딩신이 묻는다. 나는 "생각보다 쉬워요"라고 대답한다. 신체의 건강은 뇌에 직접적인 영향을 미치기 때문이다. 오래 앉아 있는 생활습관이 치매로 발전하는 데는 겨우 세 단계만 거칠 뿐이다.

1 오랜 시간 앉은 채 생활하면 몸이 동면 상태에 진입한다. 그렇게 되면 대사가 억제되어 혈압, 혈당, 체중이 증가한다.[7]

2 고혈압은 심장과 심혈관을 파괴한다. 뇌에 혈액을 공급하는 작은 혈관이 막히면 소혈관질환의 위험성도 증가한다. 혈액이 적절히 공급되지 않으면 뇌의 백질이 죽고[8] 뇌 영역들을 이어주는 통신망 역할을 하는 백질이 손상됨으로써 뇌의 커뮤니케이션은 중단된다. 백질이 손상된 부분은 뇌 MRI 사진에서 보면 밝게 빛나는데 이를 백질 과집중(white matter hyperintensities)이라고 부른다. 무서운 사실은 뇌가 이렇게 크리스마스트리처럼 빛나고 있어도 아무런 증상도 발생하지 않을 수 있다는 것이다.[9]

3 광범위한 백질 손상은 인지력을 빠르게 저하시켜 우리를 치매, 뇌졸중 심지어 사망의 위험에 처하게 한다.[10] 치매의 종류는 크게 알츠하이머병으로 인한 노인성 치매와 중풍, 뇌졸중으로 인한 혈관성 치매로 나뉘는데 백질 과집중은 혈관성 치매의 주요한 병리다. 이때 두뇌 앞쪽 영역에 혈액을 공급하는 소혈관이 폐색되면 기억력보다는 실행기능이 손상된다.[11] 반면 알츠하이머병은 해마로 가는 혈류가 줄어들면서 발병되고[12] 다행히 해마에는 예비로 공급되는 혈액이 존재해[13] 기억력 손상이 일어날 때까지 해마의 소혈관은 더 많은 폐색을 견딜 수 있다. 때로 혈관성 치매와 알츠하이머병은 같이 발병하기도 하는데 이것은 혼합형

치매라고 부른다.[14]

지금까지 장시간 앉아 있는 생활습관이 얼마나 쉽게 치매로 발전 되는지 배웠다. 실제로 치매 발생 요인 중 30퍼센트가 정적인 생활 습관으로 추정될[15] 뿐만 아니라 치매에 걸린 노인들은 하루의 대부분 을 앉아서 보낸다.[16] 이들의 일상에서 가장 활동적일 때는 도우미가 그들을 침대에서 의자로, 다시 침대로 옮기는 때다. 이러한 비활동적 인 생활이 환자의 정신적·육체적 건강을 악화시키는 것은 물론이다. 다행인 것은 이 모든 일을 예방할 수 있다는 점이다. 다음의 실습이 도움이 될 것이다.

삶에 적용하기

일어서라! "지금 당장?"이라고 당신은 당황해서 물을 것이다. 그렇 다. 이것이 당신의 과제다. 짧은 시간이라도 자주 움직이도록 하라. 우선 30분마다 일어나 2분간 움직여라. 4시간 이상 앉아 있는 생활 을 하는 경우라면 특히 더 이 지침을 지키도록 하라. 우리는 방금 앉 아 있는 동작과 습관이 뇌의 혈류를 감소시키며 뇌 건강을 악화시킬 수 있다는 사실을 배웠다. 여기에 더해 4시간 앉아 있을 때 잠깐 동 안 일어서는 것이 혈류 감소 방지에 얼마나 도움을 주는지 실험한 연구를 살펴보자. 실험은 통제 그룹을 포함해 세 가지 집단으로 나누 어 진행되었다.[17]

- 30분마다 일어나 2분간 움직인다.
- 2시간마다 일어나 8분간 움직인다.

- 계속 앉아 있는다.

여기서 주목할 결과가 나왔다. 먼저 30분마다 일어나 2분간 움직인 집단과 2시간마다 일어나 8분간 움직인 집단의 일어서서 움직인 시간의 총합은 같다. 그럼에도 30분마다 일어나 2분간 움직인 사람들의 뇌 혈류량은 2시간마다 일어나 8분간 움직인 이들보다 더 많았다.

지금까지 40개 이상의 연구가 자주 일어나 짧은 시간 동안 움직이는 것의 효과를 분석했고 이들이 내린 결론은 이렇다. 장시간 앉아 있어야 할 때 잠깐이라도 일어서면 신체가 동면 모드에 돌입하는 것을 막아준다는 것이다. 이는 물질대사 감소를 방지해 고혈압, 제2형 당뇨, 비만의 가능성을 낮추며 결국에는 치매의 위험도 감소시킨다.

2교시: 인터벌 걷기

자료 읽기 1 **당신의 옆 사람이 내내 앉아 있어도 건강한 이유**

온종일 앉아 있으면서도 건강한 사람들이 있다. 그들은 어떤 사람들일까? 바로 평소 활동적인 이들이다. 100만 명의 사람들에게[18] 다음의 생활습관에 대해 질문한 연구를 살펴보자.

- 중-강 강도의 신체 활동에 참여하는 시간은 얼마나 되나요?
- 앉아 있는 시간은 얼마나 되나요?
- TV를 보는 시간은 얼마나 되나요?

이후 이 연구는 이들의 사망률을 최대 18년까지 추적했고 그 결과 앉아 있는 시간과 TV를 보는 시간이 길수록 사망률이 높다는 사실이 밝혀졌다. 활동성이 낮은 사람일수록 사망률이 높았던 셈이다. 반면 활동성이 가장 높게 나타난 사람들은 사망률도 가장 낮았다. 하루 1시간 이상 활기차게 걷는 사람은 8시간 동안 앉아 있거나 4시간 동안 TV를 봐도 이때 발생한 유해 효과를 중화할 수 있었다.

자료 읽기 2 심폐 운동은 치매 위험을 낮춘다

몸을 움직이는 게 어떻게 우리를 치매로부터 보호하는 것일까? 이 질문에 답하기 위해 마스터 선수들을 자세히 살펴보자. 그들의 평생에 걸친 신체 활동은 노화의 해로운 영향으로부터 몸과 마음을 보호했다. 그들은 훈련을 받지 않은 젊은이들보다 건강하다. 뿐만 아니라 근력 운동을 하는 선수들은 운동을 하지 않는 젊은이에 뒤지지 않는 근력을 지니고 있다.[19]

마스터 선수들은 수명도 길다. 올림픽에 출전했던 900명의 남자 선수들을 약 52년 동안 추적한 연구를 살펴보면 알 수 있다.[20] 수명에 영향을 미치는 유전적 요인을 배제하기 위해 그들의 남자 형제를 연구의 통제 그룹에 포함시켰고 결과는 명백했다. 어렸을 때부터 단련시킨 좋은 생활습관 덕분에 선수들은 자기 형제보다 오래 살았다. 선수들은 자기 형제에 비해 앉아서 보낸 시간이 짧았고 운동 시간은 더 길었다. 즉, 활동성 수준이 높았다. 특히 수명을 연장하는 데 효과적인 운동이 따로 있었다. 바로 근력 운동을 했던 선수들은 형제보다 평균적으로 2년 더 살았지만, 지구력 운동을 했던 선수들은 7년을 더 살았던 것이다.

그렇다면 지구력 운동은 왜 수명 연장에 효과적일까? 바로 심폐체력(cardiorespiratory fitness)을 길러주기 때문이다. 심장과 폐가 최적의 상태로 기능해야 뇌를 비롯한 신체의 나머지 부분도 원활하게 작동한다. 심폐체력을 가장 객관적으로 평가하는 기준은 최대산소섭취량이다. 보통 최대산소섭취량은 노화 과정에서 10년에 12퍼센트가량씩 감소하지만, 지구력 운동을 하는 마스터 선수들의 감소 속도는 그 절반에 불과하다. 노화에 따른 건강 손실을 운동으로 절반 이상 막을 수 있다는 뜻이다.[21]

꼭 마스터 선수가 아니더라도 중년에 착실히 체력을 쌓으면 치매에 걸릴 가능성을 낮출 수 있다. 2,000명의 중년 남성을 대상으로[22] 최대산소섭취량을 측정하고 체력 수준을 평가한 뒤 향후 22년을 관찰한 연구를 살펴보자. 연구는 이들 중 치매에 걸리는 사람을 추적했다. 결과는 다음과 같았고 여성을 대상으로 한 또 다른 연구에서도 이와 비슷한 결과가 나와 신체를 단련하면 치매 발병률이 낮아진다는 사실이 입증되었다.[23]

- 체력이 약한 사람은 좋은 사람에 비해 치매 발병률이 두 배 가까이 높았다.
- 최대산소섭취량이 3.5ml/kg/min씩 증가할 때마다 치매 발병률은 20퍼센트씩 감소했다.

이쯤되면 아마 당신은 "최대산소섭취량을 3.5포인트 올리는 게 많이 어려운가요?"라고 물을 것이다. 다행히도 평소 운동을 하지 않는 사람이라도 걷는 것만으로 효과를 볼 수 있다. 인터벌 걷기로 최대산소섭취량을 단계적으로 늘리면 된다. 인터벌 걷기는 중년에게 다음과 같은 효과를 가져다준다.

- 최대산소섭취량을 5포인트 높여 체력을 강화한다.
- 혈압을 낮추어 고혈압의 위험에서 벗어난다.
- 혈당을 조절해 당뇨의 위험에서 벗어난다.

인터벌 걷기는 이 모든 측면에서 일반적인 걷기보다 효과가 뛰어나며[24][25][26] 치매의 발병률을 낮추는 데도 일조한다.

"그렇다면 중년이란 정확히 언제인가요?"라고 너무 늦지 않았기를 바라며 당신은 물을 것이다. 중년을 40~60세라고 말하는 사람도 있고 30~75세라고 말하는 사람도 있다. 그만큼 중년을 정의하는 것은 단순히 삶의 중간 지점을 정하는 일이 아닌 삶의 오후와 저녁을 구분하는 섬세한 작업이다.[27] 과학이라기보다 예술에 가깝다.

그렇지만 확실한 것은 하나 있다. 중년이 끝나면 노년이 시작된다는 것이다. 인생의 해가 저물기 시작하는 때인 중년에 지평선 너머로 펼쳐지는 아름다운 광경을 병이나 건강상의 문제로 볼 수 없다는 것은 무척 애석한 일이지 않을까?

[삶에 적용하기]

일반적인 걷기 대신 간헐적으로 속도를 높이는 인터벌 걷기를 시도해보자. 인터벌 걷기의 자세한 방법은 이 장 마지막의 '평생 젊게 사는 하루 10분 트레이닝'을 참고하자. 여기서는 간략한 방법으로 소개한다.

- 느린 속도로 3분간 걷는다.

- 빠른 속도로 3분간 걷는다.

- 이를 5회 반복한다.

1장에서 자신의 젖산 역치를 찾기 위해 했던 대화 실험을 기억하는가?[28] 여기에서도 그 실험을 이용해 속도를 정할 수 있다. 걸을 때 편하게 이야기할 수 있다면 느린 것이고 그렇게 할 수 없다면 빠른 것이다.

그렇다면 체력이 늘고 있다는 것은 어떻게 알 수 있을까? 같은 시간 내에 더 멀리 갈 수 있다면 체력이 향상된 것이다. 이는 운동능력을 평가하는 '6분 보행 검사'(6-Minute Walk Test)의 기본 원리로 현재의 체력 수준을 판단하는 지표가 된다. GPS로 걸은 거리를 측정해주는 '6WT'라는 무료 앱은[29] 나이와 성별만 입력하고 걸으면 자동으로 6분 동안 걸은 거리를 알려주니 이용해보는 것도 좋다. 6분 보행 검사를 할 때는 야외에서 평범한 운동화를 신고 걷되, 필요하다면 보행 보조기를 사용해도 된다. 속도를 늦추거나 멈추는 시점은 정해져 있지 않으니 자신의 체력에 맞추어 자유롭게 실시한다. 같은 방식으로 최소 두 번 이상 기록을 측정하고 같은 시간대에 측정하는 것이 좋다. 이후 두 측정값의 평균을 구하면 자신의 운동능력, 즉 체력이 나온다.

나의 엄마의 경우 평균 수치가 약 600미터였다. 엄마가 자랑스럽다! 대부분의 사람들은 6분 동안 약 400미터에서 약 700미터를 걷는다. 이 수치가 높을수록 최대산소섭취량도 높아[30] 치매 발병 위험이 낮다.[31]

3교시: 운동 강도 높이기

왜 젖산 역치를 넘겨야 할까

빠른 속도로 걸으면서 편하게 이야기할 수 있을 정도로 체력을 키운 "제 상태가 어떤가요?"라고 당신이 묻는다. "아주 좋습니다. 체력이 많이 좋아졌고 다음 단계로 넘어갈 준비가 끝났어요"라고 나는 답한다. "네? 다음 단계요? 솔직히 저는 이 정도로도 만족하는데요"라며 당신은 망설인다.

나는 여기서 부디 한 걸음 더 내디디길 제안한다. 좀 더 어려운 운동에 도전하면 뇌에 놀라운 혜택이 주어지기 때문이다. 있는 힘을 다하지 않아도 된다. 약간 더 도전적인, 즉 젖산 역치나 그것을 조금 넘어서는 정도면 충분하다. 1장에서 이야기한 당신에게 '딱 맞는' 운동 강도를 기억하는가? 바로 그 지점이다!

우선 당신이 좋아하는 활동을 선택하라. 조깅, 자전거, 수영 등 도전적인 활동이라면 무엇이든 상관없다. 그 후 대화 실험으로 운동 강도를 파악하라. 뇌에 젖산을 충분히 공급하려면 편안하게 이야기할 수 없는 상태가 일정 시간 지속되어야 한다. 근육이 필요로 하는 에너지가 산소가 공급하는 에너지보다 더 많은 양일 때 우리 몸에서는 부족분을 메우기 위해 무산소대사가 시작되고 젖산이 생산된다. 젖산은 근육에 도착한 뒤 산성으로 변해 타는 듯한 느낌을 유발한다.

"해로울 것 같아요!"라고 당신이 외친다. 과학자들도 오랫동안 그렇게 생각해왔다. 하지만 젖산은 전혀 독성이 없고 뇌에도 아무런 해를 끼치지 않는다. 오히려 젖산은 두 가지 중요한 작용을 통해 치매의 독성으로부터 뇌를 보호한다.

1   뇌로 이동하는 혈류가 10년에 10퍼센트씩 줄어드는 중년에[32] 운동을 통해 생산된 젖산은 혈관의 생성을 촉진해 혈류를 늘린다.[33]

2   알츠하이머병 환자의 해마에서는 뇌세포의 성장을 돕는 BDNF, 즉 뇌유래신경영양인자가 줄어드는데[34] 운동을 통해 생산된 젖산은 근육에 쌓여 있다가 해마로 이동해 BDNF를 만든다.[35]

자료 읽기 2 뇌세포 생산에 관한 간략한 역사

오랫동안 과학자들은 초기 아동기의 결정적 시기가 지나면 두뇌 배선이 평생 고정된다고 믿었다. 학자들이 "뇌세포를 추가하거나 제거하면 복잡한 신경 회로가 망가지고 신경 간의 소통이 꼬여 기능장애가 생깁니다"라고 말하는 것이 당연시되었다. 잘못된 믿음의 뿌리가 너무나 깊었기에 반증 사례들은 심하게 비판받고 노골적으로 배척당했다.[36] "분명 연구원들이 어딘가에서 오류를 저지른 게 분명해"라고 말할 정도였다. 그 말을 듣는 모두가 동의의 뜻으로 고개를 끄덕였음은 물론이다.

그러나 1999년, 헨리에터 판프라흐(Henriette van Praag)라는 명석한 젊은 과학자가 발표한 일련의 연구 결과로 인해 과학계는 전과는 다른 방향으로 움직이기 시작했다.[37][38] 그녀의 연구는 성인기에도 뇌세포가 생산된다는 사실을 밝혀 뇌의 노화를 보는 관점을 송두리째 바꾸었다. 다만 이 현상은 해마라는 특정한 영역에서만 발생했다.

그녀는 새로운 뇌세포를 생산하는 가장 효과적인 방법이 운동이라는 사실도 발견했다. 운동은 젊은 쥐와 늙은 쥐 둘 다에게 신경 생성을 촉진했고[39] 기억력을 향상시켰다.[40][41] 마치 운동이 늙은 뇌를 젊게 되돌리는 것 같았다.

[자료 읽기 3] 성인의 뇌에서도 새로운 뇌세포가 생길까

이는 매우 중요한 질문이자 첨예한 반응을 낳는 질문이다. 몇 년 전 두 가지 상반된 연구가 1개월 간격으로 발표되며 세간의 이목을 끈 적이 있다. 하나는 신경 생성의 증거를 발견했다는 것이었고[42] 다른 하나는 발견하지 못했다는 것이었다.[43] 오늘날 과학자들의 대부분은 성인기에도 신경이 생성된다고 믿는다. 그러나 살아 있는 인간의 뇌를 연구할 수 없기에 증거를 수집하지 못하는 난관에 봉착해 있는 상태다. 애석하게도 인간이 죽은 뒤에 재빨리 뇌를 꺼내 실험한다고 해도 측정값이 크게 바뀌어 실제 정보와 엄청난 차이가 발생하기 때문이다. 연구자들은 사람이 건강하게 살아 있는 동안에도 실시할 수 있는 두 가지 간접 측정법을 차선책으로 활용하고 있다.

가장 널리 사용되는 방법은 MRI로 기억을 담당하는 뇌 영역인 해마의 크기를 측정하는 것이다. 뇌세포가 생성되면서 해마의 크기도 커지기 때문이다. 건강한 노인의 경우 매년 1.5퍼센트, 알츠하이머 환자는 매년 4퍼센트씩 해마의 크기가 줄어든다.[44] 운동은 감소 현상을 완화함은 물론이고 해마의 용량을 늘린다. 3개월간 걷거나 조깅한 노인의 경우, 체력이 향상되었을 뿐 아니라 해마의 크기와 뇌로 공급되는 혈류의 양이 크게 증가했다.[45] 또한 1년 동안 매주 세 번 산책한 경우에는 해마 용량이 2퍼센트 증가했다.[46] 다만 이 방법에는 MRI가 그중 새로운 뇌세포를 구분해내지 못한다는 맹점이 있다.

또 다른 방법은 해마의 기능인 기억력을 측정하는 것이다. 만약 정말로 뇌세포가 생성되어 뉴런이 증가했다면 더 많이 기억할 수 있기 때문이다. 다만 기억에는 다양한 형태가 있고 모든 것이 해마에 의존하지 않는다는 사실은 장애물로 남는다. 먼저 일화 기억(episodic memory)은 '사건'에 관한 기억으로 해마에 가장 의존적이며[47] 노화와 알츠하이머병으로 소멸한다.[48] 이 때문에 알츠하이머병 환자는 친한 사람을 알아보지 못하며, 약의 복용 여부나 차를 세워둔 위치를 기억하지 못한다. 다음으로 절차 기억(procedural memory)은 '기술'과 '행동'에 대한 기억으로 해마 의존도가 낮다. 그 덕분에 자전거 타는 법 등과 같은 순서와 절차에 관한 것들은 알츠하이머병에 걸린 후에도 망각되지 않고 오래 존재한다. 마지막으로 의미 기억(semantic memory)은 '사실'에 관한 기억으로 절차 기억과 마찬가지로 해마 의존도가 낮다. 많은 알츠하이머병 환자들이 기억을 잃어가는 와중에도 좋아하는 동요 가사를 기억하는 이유다.

내가 속한 연구소는 인터벌 걷기가 일화 기억에 어떤 영향을 미치는지 알아보는 실험을 진행했다.[49] 인지적인 문제가 없고, 정적인 생활을 하는 노인 64명을 모집한 뒤 이들을 대상으로 운동 센터에서 훈련을 진행했다. 느린 속도로 3분간 걷기, 빠른 속도로 3분간 걷기를 5회 이상 반복하는 훈련을 일주일에 세 번, 12주 동안 전문 트레이너의 감독하에 실시했다.

참가자들의 체력이 서서히 향상되자 우리는 러닝 머신의 속도와 경사를 목표 강도까지 올릴 수 있었다. 그리고 인터벌 걷기를 한 지 12주가 지나자 그들의 일화 기억력은 30퍼센트가 향상되었다. 기억력과 체력 간의 직접적인 상관관계를 입증한 셈이다. 게다가 인터벌 걷기를 한 노인들은 기억력이 향상한 반면, 일정한 속도로 걷거나 스트레칭을 한 노인들의 기억력은 변하지 않은 사실도 주목할 만하다. 이러한 결과는 젖산 역치 이상의 고강도 인터벌 운동이 기억력을 증진시키고 치매를 예방하는 데 이상적이라는 점을 말해준다.

2교시에 실습했던 인터벌 걷기를 마스터했다면 다음의 고강도 인터벌 트레이닝 중 하나를 선택해 시도해보자.

1 이 장 마지막에 나오는 '변형 걷기 6'을 참고해 경사로에서 인터벌 걷기를 실시한다.

2 러닝 머신의 속도와 경사도를 높인 후 인터벌 걷기를 실시한다.

3 자전거의 기어 단수를 높이고 분당 페달을 돌리는 횟수를 늘려 인터벌 사이클링을 한다.

4 저항이 높은 물속에서 속도를 느리게, 빠르게를 반복하며 인터벌 수영을 한다.

4교시: 함께하면 배가 되는 운동의 힘

자료 읽기 1 약이 운동을 대체할 수 있을까

알츠하이머병에 걸린 뇌에는 뇌세포를 죽이고 인지 기능을 저해하는 아밀로이드반(amyloid plaque)*과 타우 탱글(tau tangle)**이 생성된다. 안타깝게도 두 물질을 제거하려는 시도는 여태까지 모두 실패로 돌아갔다. 하지만 운동할 때 근육에서 나오는 이리신(irisin)이라고 불리

• 알츠하이머병 환자의 뉴런 밖에 축적된 단백질 덩어리로 뉴런과 뉴런 사이의 시냅스를 망가뜨린다.

•• 신경세포 구조를 안정시키는 타우 단백질이 실처럼 가늘게 변해 뒤엉킨 것으로 신경세포를 죽게 만든다.

는 새로운 호르몬을 발견하면서 치료법 개발에 희망이 생겼다.[50] 최근 발견에 따르면 운동은 알츠하이머병에 걸린 뇌가 겪는 이리신 결핍 증상을[51] 교정하도록 도와준다.

혈류에 이리신을 주입해서도 이러한 운동의 효과를 모방할 수 있다. 즉, 기억력을 향상하고 알츠하이머병의 증상을 완화할 수 있다. 초기에는 이리신에 관한 연구가 동물 대상으로만 한정되었지만, 최근 연구에서는 인간에게도 똑같이 작용할 가능성이 확인되었다.[52][53] 이 발견이 알츠하이머병 치료의 열쇠가 되기를 고대한다. 이리신을 활용할 수 있다면 운동을 할 수 없는 중증 알츠하이머병 환자들에게 운동의 효과를 제공하는 대체 알약이 탄생할지도 모른다. 그런 시대가 오면 운동하는 대신 약을 먹으면 되지 않을까? 확실히 솔깃한 이야기다.

내가 레이크 플래시드로 향하던 시기에 이 이야기를 들었다면 더 혹했을 것이다. 대체 알약이 없었던 나는 하프 철인3종 세계 챔피언십 예선전을 함께 준비할 새로운 운동 친구를 구했다. 우리는 최소 5시간의 험난한 싸움을 함께 헤쳐나갈 것이다. 그리고 모든 것이 끝났을 때 우리 뇌는 젖산, 뇌유래신경영양인자, 이리신에 푹 젖어 있을 것이다! 과연 약이 그런 일까지 할 수 있을까?

아마 완벽하게 대체할 수는 없을 것이다. 기술이 발전해 운동의 약리적 작용을 대신할 신약이 나온다고 해도 약에 담을 수 없는 것도 존재하는 법이다. 이를테면 그 무엇으로도 운동 친구가 주는 만족감, 동질감, 경쟁심을 대체할 수는 없을 것이다. 이것이 아무리 약이 등장한다고 해도 운동을 해야 하는 혹은 할 수밖에 없는 이유다.

운동을 함께하는 친구가 있다면 우리는 좀 더 꾸준히 운동할 수 있다. 8년 넘게 달리기를 한 마스터 선수 마크의 이야기를 들어봐도 알 수 있다. 그가 달리기를 시작한 이유는 무엇이고 지금까지 달릴 수 있었던 요인은 무엇일까? "신체적인 이유로 달리기를 시작했지만, 계속할 수 있었던 비결은 심리적인 요인에 있습니다. 운동과 얽힌 인간관계가 열정을 변함없이 유지할 수 있게 해주었어요"라고 그가 말했다. 이 말을 듣던 마크의 운동 친구들도 모두 동의했음은 물론이다.[54]

운동의 사회적 효과는 경도 인지장애(MCI, Mild Cognitive Impairment) 환자들에게 가장 뚜렷이 나타난다. 경도 인지장애는 기억력이 감퇴하고 인지 기능이 저하되었지만[55] 일상생활을 수행하는 능력은 보존되어 있어 치매와 비(非)치매의 중간 지대라고 불린다. 환자들은 그 상태에서 계속 머무를 수도 있고 악화되어 치매로 나아갈 수도 있다. 또한 정상으로 회복하기도 하는데 대개 환자가 지닌 고혈압 관련 문제가 해결될 때 발생한다.[56]

"정상이 된다고요?"라고 당신이 어리둥절해하며 묻는다. 그렇다. 정상으로 돌아간다. 특히 운동이 그 가능성을 높인다. 경도 인지장애 환자를 대상으로 지구력 훈련을 진행했더니 6개월 후 그중 24퍼센트가 인지장애에서 벗어나 정상 판정을 받았다. 이는 운동하지 않은 그룹에 비해 세 배 높은 비율이었다.[57]

그런데 이렇게 믿기 힘든 결과에도 불구하고 상당수의 환자가 연구가 끝난 뒤에는 스스로 운동을 이어나가지 않았다. 연구진의 지도하에 그룹으로 운영한 운동 프로그램은 환자의 85퍼센트가 끝까지 참여했지만 그 후 혼자 운동을 계속한 사람은 25퍼센트에 불과했던 것이다.[58] 환자들이 놀라운 변화를 눈으로 목격했음에도 운동을 지속적으로 실시하지 않은 이유는 무엇일까?

자료 읽기 3 사회적 뇌

그 이유는 인간이 사회적 동물이라는 점에서 찾을 수 있다. 인간의 뇌에게 1은 외로운 숫자다. 우리가 1이라고 느끼는 경우는 두 가지다.

- 주위에 사람이 없어서 고립되었다.
- 소외되었다는 느낌 때문에 외롭다.

즉 사회적으로 고립되고도 외롭다고 느끼지 않을 수 있고, 사회적으로 고립되지 않고도 외롭다고 느낄 수 있다. 다만 두 경우 모두 사회적 자극이 부족하기에 뇌의 기능은 쇠퇴하며 치매 발병의 위험은 높아진다.[59][60]

이러한 상황은 간단히 해결할 수 있다. 사회적으로 고립된 노인들에게 사교의 기회를 더 많이 제공하는 것이다. 나는 모든 지역에 노인을 위한 걷기나 달리기 클럽 혹은 노인 전용 체육관이 있어야 한다고 생각한다. 이러한 노인 전용 클럽이나 체육관이 집에서 가까운 곳에 있으며, 수강료도 저렴하고 난이도도 시도하기 좋게 적당하면 더 많은 노인들이 운동하게 될 것이다. 대개 노인들은 나이 든 사람의 고통을 이해하는 또래들과 함께 운동하는 것을 선호하기[61] 때문에 제반 환경이 마련되면 고립된 노인들을 집 밖으로 끌어낼 수 있다. 웃고 친목을 도모할 기회가 많은 재미있는 프로그램이 준비되어 있다면 금상첨화다.

마치 가족처럼 친밀하게 함께 운동하는 친구가 있다면 노인은 운동을 꾸준히 지속할 가능성이 높아지고 보다 안정적이고 사회적인 삶을 누리게 된다.[62] 자연스럽게 뇌를 비롯한 신체 건강도 좋아지는 것은 물론이다. 이때 실제 운동량이 어느 정도인지는 관계가 없다.[63] 그저 나이 들수록 줄어드는 사회적 교류를 긍정적인 방법으로 늘려주는 것이다. 실제로 다른 사람들과 함께 운동하는 노인은 외로움을 덜 느낀다.[64]

로런스라는 노인의 사례를 살펴보자. 그는 아내가 죽은 뒤로 모든 것을 극도로 경계한다. 이것은 안전하지 않다는 느낌을 주는 외로움의 폐해다.[65] 외로운 뇌는 투쟁과 도피라는 선택지를 마주할 때마다 세상과 사람들로부터 멀리 도망치고 싶어 한다. 로런스는 이제 외로움의 렌즈로 세상을 쓸쓸하고 황량한 공간으로 본다. 모든 사회적 상호작용이 부정적일 것이라고 예상하며 그런 편견 때문에 실제로 모든 사회적 관계를 부정적으로 경험한다. 외로움이 자기충족적 예언이 되는 것이다. 안전하다는 느낌을 받으려고 사람들을 밀어내지만 그 때문에 오히려 더 고립된다.

로런스처럼 외로운 사람들의 경우 활동성이 떨어질 가능성이 크고 설령 현재 활동적이더라도 이러한 생활을 오랫동안 유지할 가능성이 적다.[66] 다행히도 로런스는 더 이상 외롭지 않다. 운 좋게 괜찮은 운동 트레이너를 만났고 함께하는 시간이 외로움을 덜어주었다. 세상에 대한 두려움을 없애고 신뢰를 회복하는 데 필요한 것은 이러한 작은 발걸음이다. 트레이너가 로런스의 말을 경청하고 공감해준 덕분에 그의 상태는 더 빨리 개선되었다. 트레이너는 로런스가 체력을 개선하고 건강을 유지하는 것에만 매달리지 않고 재미와 성취감을 동시에 느낄 수 있도록 프로그램을 설계했다.[67] 크게 세 가지 목표가 있었다.

- 안전에 대한 걱정을 완화한다.
- 자기 한계를 규정하는 편견을 극복한다.
- 자기 역량에 대한 자신감을 키운다.

로런스는 신체 가동성 범위가 커졌을 뿐만 아니라 다시 인생을 즐기게 되었다. 그는 더 건강해지고 자신감이 커졌으며 보다 독립적이고 적극적인 사람이 되었다. 심지어 그는 트레이너 없이 혼자서도 운동을 하기 시작했다. 말이 잘 통하는 친구와의 공원 산책은 그가 하루 중 가장 사랑하는 시간이 되었다.

자료 읽기 4 ▸ 뇌 건강도 운동능력에 영향을 미친다

노화 101 과정에서 다루는 마지막 주제다. 지금까지는 운동이 뇌 건강에 미치는 효과를 집중적으로 설명했다. 그런데 이와 반대로 뇌 건강도 운동능력에 영향을 미친다. 인지적인 기능이 손상되면 운동을 하기 힘들어지는 것처럼 말이다. 치매 환자들이 하루의 대부분을 움직이지 않고 보내는 이유도 바로 이것이다.

치매에 걸린 85세 여성 베티는 증상이 심하지 않아 아직 몸을 온전히 통제할 수 있지만 넘어질 수 있기에 혼자 운동하는 것은 무리다.[68] 어쩔 수 없이 베티는 온종일 한자리에만 앉아 하루하루를 보냈다. 그러던 어느 날, 그녀의 조카가 누워서 타는 방식의 최신 실내 자전거를 사와 TV에 연결해주었다. 베티는 조카의 도움을 받아 조심스럽게 자전거에 오른 후 모니터로 익숙한 고향의 거리를 보며 라이딩을 즐겼다.

"좋은 기억들이 떠올라요." 베티는 남아 있는 기억을 더듬으며 추억에 잠겼다. 이때 조카는 베티가 좋아하는 프랭크 시나트라의 음악을 틀어주었다. 베티는 자전거로 고향 마을을 돌며 목청껏 노래를 불렀다. 활기찬 베티의 모습을 보자 조카의 눈에서 눈물이 흘렀다. 무기력하고 기운 없는 모습에 가려졌던 베티의 본 모습이었다. 베티의 뇌와 몸은 지금 활발하게 움직이고 있다.[69] TV를 멍하니 보던 시절에는 상상도 못한 일이다.

여기에 더해 베티에게 선물을 한 가지 더 주면 어떨까? 다른 노인들과 상호작용을 하고, 훈련하고, 경쟁할 수 있는 가상의 온라인 사이클 커뮤니티를 만들어주는 것이다. 아마 베티는 친구들과 자전거를 타고 모험에 나설 것이다. 마치 고등학생으로 돌아간 것처럼 친구들과 농담을 주고받고 깔깔대며 웃을 것이다. 베티가 이겼다! 베티의 아바타는 금메달을 받기 위해 시상대에 뛰어 올라갔다. 도움은 필요 없다. 베티는 활짝 미소를 짓고 그녀의 아바타는 환호하는 관중들에게 인사를 했다. 베티의 남은 삶에는 건강이라는 축복이 깃들 것이다!

삶에 적용하기

그룹을 만들어 일주일에 한 번 운동하라. 두 명 이상이면 된다. 온라인 그룹도 괜찮다. 걷기 말고 다른 운동을 하고 싶다면 이 장 마지막에 있는 '활력 증진 운동'과 '체력 증진 운동'을 참고하라. 36가지 운동의 효과를 검토한 최신 연구에 따르면 건강에 도움을 주는 운동은 수도 없이 많다.[70] 어느 시골 마을에 사는 50세 이상의 치매는 없지만 인지장애를 겪을 가능성이 있는 사람들에게 다음의 방식으로 운동을 하게 했더니 인지 기능이 향상된 연구 결과도 있다.

- **유형**: 유산소 운동, 근력 운동, 유산소·근력 혼합, 태극권
- **강도**: 중 강도 이상
- **지속시간**: 45~60분
- **빈도**: 가능한 자주
- **기간**: 4주 이상

다시 내가 치러야 했던 철인3종 예선전 이야기로 돌아가보자. 나는 어떻게 되었을까? 나는 최선을 다했고 연령 그룹에서 5위를 했다. 세계 챔피언십에 출전할 수 있는 성적이었다. 나는 시상식에도 올랐다. 하지만 마냥 기쁘지만은 않았다. 나와 함께 출전한 친구가 챔피언십 자격을 얻지 못했기 때문이다. 나는 함께하는 운동의 힘을 알고 있었기에 친구가 진심으로 통과하기를 바랐다.

아마 당신은 내 말을 듣고 친구에게 전화를 걸지도 모른다. 그리고 운동화 끈을 매고 공원으로 향해 친구와 걸을 것이다. 한 바퀴, 두 바퀴… 거리는 점점 늘어가고 속도는 줄었다 늘었다 할 것이다. 두 사람 사이에는 웃음이 끊이질 않을 것이다. "한 바퀴 더 돌까?"라며 당신은 이 시간이 끝나지 않길 바라며 친구에게 물을지도 모른다. 친구는 이렇게 대답할 것이다. "좋고말고!"

평생 젊게 사는
하루 10분 트레이닝

- 난이도: 중급
- 뇌과학적 목표: 뇌에 필수 영양소를 공급하기
- 마인드셋: 체력을 길러 평생 젊게 살자

월	화	수	목	금	토	일
걷기	활력 증진 운동	변형 걷기 5	휴식	변형 걷기 6	체력 증진 운동	휴식

◆ 활력 증진 운동

5분간 천천히 걸으면서 몸을 푼 뒤, 1~6번까지의 동작을 정해진 횟수만큼 반복한다. 그다음 30초간 휴식한다. 만약 운동이 쉽게 느껴지면 각 동작 횟수를 15회로 늘리고 전체를 3회 반복한다.

순서	종류	횟수	참고
1	변형 하늘자전거	한쪽당 10회	278쪽
2	변형 브릿지	한쪽당 10회	279쪽
3	교차 슈퍼맨	한쪽당 10회	260쪽
4	앉았다 일어서기	10회	287쪽
5	변형 팔 굽혀 펴기	10회	295쪽
6	한 발 균형잡기	한쪽당 30초	300쪽
마무리	휴식	30초	–

숙련자라면?

- 3번의 교차 슈퍼맨을 슈퍼맨으로 바꾸고, 1회당 5초 동안 유지한다.
- 5번의 변형 팔 굽혀 펴기를 팔 굽혀 펴기로 바꿔서 한다.
- 6번의 한 발 균형잡기를 눈을 감고 한다.

◆ 변형 걷기 5

1. 편안한 걸음걸이로 천천히 5분간 걷는다.
2. "몸에 활력을 돌게 하자"라는 생각으로 3분간 숨이 찰 정도로 빠르게 걸은 후 3분간 천천히 걷는다. 이 과정을 5회 반복한다.
3. 마지막에는 5분간 천천히 걸으며 마무리한다. 만약 운동이 쉽게 느껴지면 횟수를 매주 1회씩 늘린다.

◆ 변형 걷기 6

1. 편안한 걸음걸이로 천천히 5분간 걷는다.
2. "뇌에 영양소를 공급하자"라는 생각으로 경사가 완만한 길을 4분간 올라갔다가 내려온다. 이 과정을 4회 반복한다.
3. 마지막에는 5분간 천천히 걸으며 마무리한다. 만약 운동이 쉽게 느껴지면 횟수를 매주 1회씩 늘리거나 오르막길을 걷는다.

◆ 체력 증진 운동

5분간 천천히 걸으면서 몸을 푼 뒤, 1~6번까지의 동작을 정해진 횟수만큼 반복한다. 그다음 30초간 휴식한다. 만약 운동이 쉽게 느껴지면 각 동작 횟수를 15회(시간일 경우 40초)로 늘리고 전체를 3회 반복한다.

순서	종류	횟수	참고
1	변형 플랭크	30초	299쪽
2	버드 독	한쪽당 10회	276쪽
3	스쿼트(보조기구 활용)	10회	286쪽
4	사이드 레그 레이즈	한쪽당 10회	280쪽
5	리버스 플라이	10회	269쪽
6	캣 카우	동작당 10회	293쪽
마무리	휴식	30초	-

숙련자라면?

- 1번의 변형 플랭크를 플랭크로 바꿔서 한다.
- 3번의 스쿼트를 보조기구 없이 한다.

6장

잠을 설칠까 봐
두려운 당신에게

잠을 자.
자고 나면 기분이 나아질 거야.
_나의 엄마

잠을 적게 잔 다음 날에는 꼭 그 대가를 치르게 된다. 너무 피곤해서 생각할 수가 없고, 너무 졸려서 미소를 지을 수도 없다. 너무 진이 빠져서 운동을 할 수 없음은 물론이다.

수면 부족으로 인한 여파는 하루에 그치지 않고 둘째 날로 이어진다. 그리고 나흘, 열흘, 몇 주까지 피로는 계속된다. 출근은 즐겁지 않고 업무 성과는 악화된다. 실수는 잦아지고 때문에 우울하고 불안해진다. 엎친 데 덮친 격으로 살까지 찐다.

잠의 중요성을 깨닫고 일찍 자보려고 노력하지만 한번 망가진 수면 패턴을 바로잡기는 무척 어렵다. 잠들기 어려울뿐더러 잠간 잠에 들었더라도 자꾸 잠에서 깬다. 당장 지난밤에도 셀 수 없이 깼다. 술의 취기를 빌려 잠들려고 해봐도 기분만 나빠질 뿐 별 효과는 없다. 잠을 제대로 못 잤으니 다시 다음 날이면 커피에 의존한다. 그러나 커피를 마셔 졸음이 깨는 것은 잠시일 뿐이다. 고민 끝에 찾아간 병원에서 의사는 당신에게 운동을 권한다.

"운동할 수 없을 정도로 지쳤다고 방금 얘기하지 않았나요?"라고 당신이 황당해하며 묻는다. 의사도 알고 있다. 그러나 조금이라도 운동하는 것이 전혀 하지 않는 것보다 수면의 질을 개선하기 때문에 권하는 것이다. 많이 움직일수록 더 깊고 편안하게 잘 수 있다. 덕분에 명료하게 사고할 수 있고 기분까지 좋아진다. 그러다 보면 더 이상 운동하지 못할 정도로 피곤하지 않게 된다. 운동으로 인해 빠르고 깊게 잘 수 있다는 것을 알게 된 당신은 이제 매일 똑같은 시간에 운동한다. 심지어 "경사 걷기 한 번 더 할까?"라고 말하며 운동 강도를 높인다.

이 장에서는 우리가 생각하고, 느끼고, 운동하는 능력에 졸음이 어떠한 영향을 미치는지 설명할 것이다. 그다음에는 운동으로 두뇌를 재설정해 더 빠르고 깊게 자는 방법을 소개할 것이다.

당신의 수면 시간, 안녕하십니까

현대인 세 명 중 한 명은 잠을 충분히 자지 못한다. 나도 역시 수면 부족에 시달리는 이들 중 한 명에 속한다. 수면 부족으로 인한 가장 큰 문제는 건강을 유지하기 어려워진다는 것이다. 불면증은 가장 대표적인 수면 문제로 불면증 환자는 잠들기 힘들어할 뿐만 아니라 설령 잠들어도 깊이 자지 못하고 자주 깬다. 공식적으로 불면증이라는 수면장애를 겪는 이들은 전체 인구의 10퍼센트에 불과하지만 실질적으로는 인구의 30퍼센트가 때때로 불면 증상을 경험한다. 불면증은 여성, 노인, 정신질환이 있는 사람들에게 더 쉽게 발생하는 것으로 나타났다.[1]

실제로 강박장애가 있던 나에게 잠들지 못하는 고통은 매우 친숙한 것이었다. 불면증은 수년간 내 강박장애의 일부로 존재했다.[2] 그런데 임상적으로 수면장애는 불면증이 일주일에 세 번 이상 발생하는 상태가 3개월 이상 지속하는 것을 뜻하는데[3] 내 증상은 그 정도로 심하지는 않아 진단을 받을 수는 없었다. 현재의 수면장애 기준은 지나치게 높다. 잠을 하룻밤만 설쳐도 일상에 불편을 느낀다는 것을 고려하면 특히 더 그렇다.

다행히 나는 체력을 단련하기 시작하자 수면의 질이 엄청나게 높아져 불면증에서 빠져나왔다. 물론 매일 푹 자는 것은 아니지만 한 가지는 확실히 말할 수 있다. 낮 동안 운동을 하면 밤에 숙면할 수 있다. 지난 2년 반 동안 나는 운동이 숙면에 주는 효과를 인정하게 되었다. 지금은 숙면을 운동이 주는 가장 큰 선물이라고 생각할 정도다. 잠은 뇌의 모든 활동에 영향을 미치기에 그렇다. 말 그대로 '모든' 활동이다.

사람에게는 얼마만큼의 잠이 필요할까

잠은 두뇌 건강에 필수적이다. 잠이 부족하면 뇌는 제대로 기능하지 못한다. 적정 수면 시간은 나이에 따라 달라지는데 어린이와 10대

하루 권장 수면량

나이	수면 시간
6~13세	9~11시간
14~17세	8~10시간
18~64세	7~9시간
65세 이상	7~8시간

는 성인보다 더 많은 잠을 필요로 한다. 자는 동안 성장기의 뇌와 신체가 열심히 일해야 하기 때문이다. 미국수면재단(NSF, National Sleep Foundation)은 나이에 따른 하루 권장 수면 시간을 정해놓았다. 6~13세의 어린이라면 하루 9~11시간, 14~17세의 청소년이라면 하루 8~10시간, 18~64세의 성인이라면 하루 7~9시간, 65세 이상이라면 하루 7~8시간을 자야 한다.[4]

푹신한 베개를 베고 부드러운 이불을 덮은 채 편안한 침대에서 뒹굴거리는 모습을 상상해보라. 생각만 해도 기분이 좋지 않은가? 하지만 현대인에게는 그럴 시간이 충분하지 않다. 비단 성인만 그런 것이 아니라 어린이와 청소년도 마찬가지다.

사이먼이라는 10대의 하루를 살펴보자. 사이먼은 평일에는 학교 숙제와 학원 스케줄로 빠듯한 일상을 보낸다. 때문에 주말이 되면 그동안 꽉 조여 있던 일상에 숨통을 틔우듯 책을 읽고 게임을 하며 여가를 보내다 자정이 넘어서야 잠에 든다. 늦게 잠자리에 들기도 했지만 평일에 잠이 부족했기에 토요일 아침은 항상 잠으로 채워진다. 낮 12시가 되어서야 겨우 눈을 뜨는 것이다. 문제는 월요일 아침이다. 학교에 가려면 아침 7시에는 일어나야 하는데 일요일 밤, 사이먼의 뇌는 잠을 잘 생각이 없다. "그만 하고 빨리 자!"라는 엄마의 재촉에도 사이먼은 휴대폰에서 눈을 떼지 않고 "졸리지가 않아요!"라고 대답할 뿐이다.

불행히도 오늘날 대다수의 10대가 사이먼처럼 살고 있다.[5] 수면 부족이 10대를 지배하는 것이다. 더 큰 문제는 10대에 형성된 수면 습

관이 성인기까지 이어진다는 점이다.[6]

잠을 자지 않고 최장 시간을 버틴 기록의 보유자가 10대라는 사실은 놀랄 일도 아니다. 1964년 17세의 랜디 가드너(Randy Gardner)는 과학 실습 과제의 주제로 '잠을 안 자면 어떻게 될까?'를 선택해 실험했다. 11일을 잠을 자지 않고 버틴 뒤 실험이 끝났을 때 랜디의 뇌는 곤죽이 되어 있었다. 그는 기억을 하지 못했다. 마치 알츠하이머병에 걸린 것 같았다.

수면 부족이 뇌에 나쁜 영향을 미친다는 것을 설명하기 위해 굳이 11일 동안 잠을 참은 랜디 가드너의 사례까지 거슬러 올라갈 필요도 없다. 우리도 이미 잠을 설친 다음 날이면 정신이 없어지는 경험을 하고 있으니 말이다.[7] 애석하게도 이 상황은 우리 모두에게 익숙하기까지 하다.

수면이 기분에 미치는 영향

앞서 언급했듯이 정신질환은 수면 부족의 원인이다. 그러나 때로는 수면 부족이 정신질환을 촉발하기도 한다. 정신질환이 있는 사람은 불면증을 경험할 가능성이 높고, 불면증이 있는 사람은 우울감을 느낄 가능성이 약 10배 높으며 불안감을 느낄 가능성은 17배 높다.[8] 다시 말해 수면 부족은 정신질환의 원인이자 결과인 것이다.

수면 부족은 편도체와 전전두피질 사이의 소통을 방해하고[9] 그 결과로 우리는 우울과 불안을 느낀다. 이러한 작동 사이클은 편도체와 전전두피질 간 연결망이 형성되는 중인 10대에게 특히 위험하다.[10]

수면 부족이 기분에 미치는 영향을 알아보기 위해 50명의 10대를 대상으로 실시한 연구에 사이먼도 참여했다.[11] 사이먼의 수면 시간은 6.5시간으로 제한되었다. 이는 평소 사이먼의 평일 수면량과 비슷했지만 주말 수면량보다는 훨씬 적었기에 악영향을 미쳤다. 늘 하던 대로 주말에 몰아서 잠을 자지 못하니 그는 피곤해하며 활기가 떨어진 모습을 보였다. 그뿐만 아니라 더 불안해하며 화를 쉽게 냈다. 사이먼의 어머니는 그가 더 반항적으로 변했고 감정 기복이 심해졌다고 말했다. 하지만 불안감에 대해서는 눈에 띄는 변화를 알아채지 못했다.

여기서 중요한 문제가 발생한다. 10대의 불안을 눈치채지 못하면 우리는 그들을 도울 수 없고, 그들은 계속해서 홀로 고통과 싸워야 한다. 사춘기 초기에 수면 문제를 겪은 10대가 사춘기 후기에 자해하거나 자살을 시도할 가능성이 높다는 사실이 이를 방증한다.[12] 제발 아이들에게 잠을 잘 자는지 꼭 물어보길 바란다. 아이들은 마음에 대해 이야기하는 것보다 잠에 대해 이야기하는 것을 더 편하게 받아들일 것이다. 그 대화가 아이들의 목숨을 구할 수 있다. 미국 질병통제예방센터에 따르면 자살은 10대의 주요 사망 원인 중 하나로, 또 다른 원인인 살인과 심장 질환을 합친 것보다 더 많은 수의 청소년의 목숨을 매년 앗아가고 있다.[13]

이러한 상황을 막아야 한다. 잠을 잘 자지 못한다는 것은 위태로운 정신 건강의 증거일지도 모른다. 주저하지 말고 도움을 청하라.*

---

* 24시간 자살예방상담전화 1393, 생명의전화 1588-9191 등에서 도움을 받을 수 있다.

눈 뜬 채 자는 상태인 미세수면(microsleep)

밤에 잠을 잘 자지 못하면 때론 바보 같은 행동을 하게 된다. 물론 수면장애의 최악의 결과인 자살보다는 낫겠지만 이것도 좋은 결말은 아니다.

이런 시나리오를 생각해보자. 당신이 회의에 참석하고 있다. 상사는 앞에서 지시를 내리고 있는데 당신은 피로에 찌든 채 멍하게 그를 응시할 뿐이다. 턱은 벌어져 있고 눈은 초점을 잃은 지 오래다. 분명 상사를 보고 있지만 그가 무슨 말을 하는지는 도무지 알 수가 없다. '왜 나를 쳐다보고 있지? 질문을 한 건가?' 싶어 대충 "500이요?"라고 답한다. 아차! 틀렸다. 틀려도 한참 틀렸다. "질문에 대답해주실 분 있나요?"라고 상사는 짜증스러운 목소리로 다시 모두에게 질문한다. 당신을 제외한 거의 모든 사람이 손을 들고, 지목된 당신 옆의 여자는 "10월 10일, 세계 정신 건강의 날입니다"라고 답한다. 표정을 보니 아주 의기양양하다. 그녀는 분명히 지난밤에 당신보다 푹 잤을 것이다.

물론 당신도 그 질문에 정확하게 답할 수 있었다. 어려운 질문이 아니었으니 말이다. 문제는 질문을 듣지 못했다는 데 있다. 뇌가 잠들어 있었기 때문이다. 일반적인 수면과 다르게 눈을 뜬 채로 몇 초간 잠에 빠지는 이 현상이 바로 미세수면이다.[14] 미세수면은 뇌가 밤 동안 충분히 쉬지 못했을 때 발생한다. 기능 회복을 위해 몇 초간 의식의 작동을 중단하는 것이다.[15] 겨우 몇 초라서 별다른 영향이 없을 것 같은가? 불행히도 그 몇 초 사이에 매우 중요한 일이 일어나기도 한다.

셰릴은 수면 부족이 정신 각성 상태에 미치는 영향을 알아보는 연구에 참여한 이들 중 한 명이었다.[16] 연구진은 셰릴의 수면 시간을 하루 5시간으로 일주일 동안 제한한 후, 매일 그녀의 각성 상태를 측정했다. 수면 시간의 제한이 없었던 첫날에 셰릴은 테스트에서 두 개의 실수를 했다. 하지만 수면 시간을 제한한 뒤 하루가 지나자 네 개의 실수로 늘었다. 실수는 점점 잦아져 이틀 후에는 여섯 개, 나흘 후에는 12개, 일주일 후에는 무려 18개가 되었다. 심지어 수면 시간 제한이 사라지고 이틀 동안 푹 잔 후에도 실수를 했다. 각성 능력이 완전히 회복되지 않았기 때문이었다.

수면 제한은 운전 능력도 감소시킨다. 혹시 술을 마시고 운전해본 적이 있는가? 부디 대답이 "아니요"이길 바란다. 알다시피 알코올은 운전 능력을 현저히 떨어뜨린다. 2~4잔의 술만으로도 혈중알코올농도가 0.05퍼센트 높아지며 운전 능력은 현저히 떨어진다. 음주 운전은 징역형을 받을 수도 있는 형사 범죄로, 유타주는 혈중알코올농도 0.05퍼센트 이상, 나머지 다른 주는 0.08퍼센트 이상이면 음주 운전으로 보고 처벌한다.˙

그렇다면 졸릴 때 운전해본 적이 있는가? 전국적으로 설문 조사를 실시한 결과 다섯 명 중 한 명이 '지난 1개월 중 졸릴 때 운전한 적이 한 번 이상 있다'라고 시인했으며, 다섯 명 중 두 명은 '지난해에 운전대를 잡은 채로 잠든 적이 한 번 이상 있다고 답했다.[17]

맙소사! 이 결과가 충격적인 이유는 졸린 상태가 술에 취한 상태

˙ 우리나라는 도로교통법상 혈중알코올농도 0.03퍼센트 이상인 경우 음주 운전으로 판단한다.

와 다름없기 때문이다. 술에 취한 상태와 수면 부족 상태가 각성도에 미치는 영향을 비교한 연구에 따르면[18] 17시간 동안 잠을 자지 않은 참가자들의 각성도는 혈중알코올농도 0.05퍼센트일 때와 비슷했다. 17시간은 그리 긴 시간이 아니다. 대부분의 트럭 운전사들은 항상 그 정도로 피곤한 상태에서 운전을 한다. 배우 트레이시 모건이 머리를 다치고 옆에 있던 친구는 사망했던 비극적인 사고도 트럭 운전사의 졸음운전 때문이었다. 트럭 운전사는 24시간이 넘도록 깨어 있는 상태였다. 게다가 충격적인 사실은 이 트럭 운전사가 리무진과 충돌하기 직전까지도 속도를 줄이지 않았다는 점이다. 마치 리무진을 보지 못한 것처럼 말이다. 아닌 게 아니라 실제로 그는 리무진을 보지 못했다. 미세수면에 빠져 있었던 것이다.

트럭 운전사뿐 아니라 의료직 종사자들도 장시간 일하며 격무에 시달리는 것으로 유명하다. 병원의 인턴은 한 번 교대를 하면 24시간 넘게 일한다. 29시간 교대 근무와 14~15시간 교대 근무에서 발생하는 실수의 수를 비교한 연구에 따르면[19] 전자에서 발생한 심각한 의료 사고는 후자에 비해 36퍼센트 많았고, 진단 실수는 무려 여섯 배가량 많았다. 혹시 잠을 제대로 자지 못한 외과 의사가 당신의 수술을 맡기를 바라는가? 아무도 그렇지 않을 것이다.

다이어트의 적은 수면 부족

우리는 피곤하고 잠이 부족하면 몸을 움직여 운동하기는커녕 생각조차 하기 싫어한다. 실제로 하루 수면 시간을 5시간 30분으로 일주일 동안 제한한 결과, 사람들의 생활은 이전보다 정적으로 변했다.[20] 이 실험에는 평소 규칙적으로 운동을 하는 로재나와 평소 전혀 운동을 하지 않는 사라가 참여했는데 로재나는 자신의 일상생활에서 하던 강도 높은 신체 활동 중 3분의 1을 가벼운 활동으로 바꾸었고, 사라는 원래보다 더 움직이지 않았고 정적인 생활을 했다. 이를테면 사라는 "여기 있는 케이크를 먹고 싶은데, 조금 더 앉아 있어도 될까요?"라고 묻는 식이었다. 내가 하고 싶은 이야기를 눈치챘는가? 불충분한 수면은 활동성을 떨어뜨릴 뿐 아니라 더 많이 먹게 한다.[21] 여기에는 두 가지 이유가 있다.

1 수면 시간이 짧으면 깨어 있는 시간이 길어지면서 먹을 기회도 덩달아 많아진다.

2 부족한 수면 시간 때문에 식욕을 자극하는 호르몬인 그렐린 (ghrelin)이 증가하고, 억제하는 호르몬인 렙틴(leptin)은 감소한다.

적게 움직이고 많이 먹으면 당연히 살이 찌고 비만의 위험이 커진다.[22] 그 전에 수면 문제를 해결해야 한다. 해법은 단순하다. 잘 자고 싶다면 많이 움직이면 된다! 잘 잘수록 많이 움직일 수 있다. 선순환이 발생하는 것이다.

우리가 잠을 푹 잘 수 있게 도와주는 운동은 걷기, 달리기, 자전거 타기, 근력 운동, 요가, 태극권[23][24][25] 등 무수히 많다. 조금이라도 운동하는 게 아예 안 하는 것보다 훨씬 낫다.[26] 빨리 잠들고 깊이 자기 위해서는 어떻게 운동해야 할까? 지금부터 그 방법을 살펴보자.

빨리 잠들고 싶다면

🏋️ 　　　　　아이린에게는 불면증이 있다. 잠잘 시간이 충분히 있는데도 거의 매일 밤에 잠드는 데 어려움을 겪는다. 두뇌의 시간이 실제와 맞지 않기 때문이다. 다행인 것은 운동으로 두뇌의 시간을 재설정할 수 있다는 사실이다.

뇌의 시간을 재설정하는 멜라토닌과 운동

우리의 생체 시계는 24시간 주기로 움직인다. 그러나 생체 시계로 시간을 확인하면 틀릴 가능성이 크다. 생체 시계는 우리가 보는 시계와 다른 나름의 규칙으로 움직이기 때문이다.

　생체 시계는 뇌의 시교차 상핵(suprachiasmatic nucleus)*에 있는 시계 유전자(clock gene)에 의해 결정된다. 즉, 두뇌의 시간을 기준으로 신체의 활동이 프로그래밍된다.

　그런데 문제가 하나 있다. 두뇌의 시간을 결정하는 시계유전자는 인간 DNA에 탑재된 고유의 지연 현상으로 인해 실제 시간보다 느리게 움직인다. 이를테면 지구가 자전하는 데 걸리는 시간은 24시간이지만 뇌에서는 24.2시간으로 인지하는 것이다.[27] 12분(0.2시간)이 더 걸리는 이유는 아무도 모른다. 하지만 그대로 두면 뇌의 시간은 현실

---

* 　뇌 중심부에 있는 시상하부에 있으며, 신경과 호르몬의 활동을 통제해 생리주기를 조절한다.

과 완전히 괴리되어 잠에 드는 시간은 점점 늦어진다. 햇빛이나 시계 등 시간을 알 수 있는 단서가 전혀 없는 어두운 벙커에서 살고 있다고 가정해보자. 뇌의 하루와 실제 하루의 미세한 차이가 교정되지 않고 쌓일 것이고, 그렇게 60일이 지나면 12시간이 축적되어 생활 주기는 현실과 정반대가 될 것이다.

이 사실을 어떻게 알게 되었을까? 1960년대 독일 행동 생리학자 위르겐 아쇼프는 두꺼운 문과 이중 방음 장치가 된 벙커 속에서 생활하며[28] 빛이 없는 환경에서의 수면 주기 변화를 기록했다. 그 결과 그를 포함한 다수의 참가자들은 매일 조금씩 늦게 잠들었고 늦게 일어났으며 현실의 시간에서 이탈했다.[29]

어긋난 뇌의 시간을 실제와 같이 동기화하려면 멜라토닌과 운동이 필요하다. 멜라토닌(melatonin)은 자연산 수면 보조제로 하루 15분 이상 낮에 햇빛을 쬐면 밤에 잘 분비된다.[30]

전기가 없던 옛날에는 해가 뜨고 지는 것에 따라 멜라토닌 분비가 결정되었기 때문에 잠드는 게 어렵지 않았다. 하지만 오늘날에는 여러 인공 불빛들로 멜라토닌의 생성 시간이 늦어져 잠드는 게 고역이 되었다.[31] 또한 우울증 환자들의 경우 멜라토닌 생성에 필요한 세로토닌이 부족하기에 그들은 고통스러운 불면의 밤을 보내고 우울의 늪에 더 깊이 빠지기도 한다.[32]

이러한 문제를 해결하는 방법은 간단하다. 휴대폰을 내려놓고 운동화를 신는 것이다. 운동은 뇌의 시간을 재설정한다. 운동과 햇빛이 뇌의 시간을 재설정하는 데 미치는 영향을 분석한 연구를 살펴보자. 각각의 효과와 함께할 때의 효과를 비교했다.[33]

연구 참가자들은 연속해서 3일 동안 실험에 참여했다. 스티브도 참가자 중 한 명이었다. 스티브는 빛이 없는 공간에서 1시간 동안 잠을 자고 일어나 희미한 빛의 조명을 켜놓고 2시간 동안 있었다. 왜 이런 일을 시켰을까? 뇌가 완전히 시간의 흐름을 놓치게 하기 위해서였다. 잠에서 깨어나 2시간이 지난 뒤에는 밝은 빛을 쬐거나, 운동을 하거나, 밝은 빛을 쬐면서 운동하는 시간을 보냈다.

첫째 날은 5,000룩스의 빛을 90분 동안 쬤다. 이는 보통의 사무실 밝기보다 10배 더 강력한 것으로 스티브의 뇌 속 시계를 1시간가량 늦추었다. 둘째 날은 90분 동안 운동을 했다. 스티브의 뇌 속 시계는 50분가량 늦어졌다. 밝은 빛을 쬤을 때와 거의 비슷한 효과였다. 셋째 날은 90분 동안 밝은 빛을 쬐고 90분 동안 운동을 했다. 빛과 운동은 시너지를 내며 스티브의 뇌 속 시계를 1시간 20분 늦추었다.

이런 연구 결과를 실생활에 어떻게 적용할까? 매일 같은 시간에 야외에서 운동해 뇌의 시간을 실제 시간과 비슷하게 맞추면 된다. 핵심은 지속성이다. 그래야 운동 시간을 태양만큼 믿게 된다. 두뇌의 시간을 실제에 맞추면 더 빨리 잠들 수 있다.

자신의 유전자와 생활습관에 맞게 운동하고 싶은가? 그렇다면 자신의 크로노타입을 고려해야 한다. 크로노타입(chronotype)은 일주기 리듬에 따라 사람이 하루 중 가장 활발한 시간대와 잠드는 시간대 등을 종합해 경향성을 구분한 지표를 말한다. 쉽게 말해 아침형 인간인지 저녁형 인간인지를 구분하는 것이다.

내일 할 일이 아무것도 없다고 가정하고 다음 질문에 답해보자.

- 오늘 몇 시에 자고 싶은가?
- 내일 몇 시에 일어나고 싶은가?

질문에 대한 답변이 당신의 크로노타입을 드러낼 것이다. 아침형 인간은 이른 아침에 일어나는 것을 선호하는 반면, 저녁형 인간은 늦게까지 깨어 있는 것을 선호한다. 물론 두 생활 패턴의 중간 지점에 속하는 중간형 인간도 있다.

15세 이상의 미국인 남녀 5만 명을 대상으로 크로노타입을 조사한 연구에 따르면 참가자 중 절반이 중간형, 25퍼센트가 아침형, 25퍼센트가 저녁형이었다.[34] 나는 부정할 수 없는 저녁형 인간으로 이 글을 쓰는 지금도 늦은 밤이다.

이 연구에 따르면 크로노타입은 성별에 따라 달라졌다. 40세 이전까지는 남성이 여성보다 늦게 잠들지만, 이후에는 남성이 여성보다 일찍 잠드는 경향이 있었다. 일부 연령대에서는 특정 크로노타입이 지배적이었다. 노인은 아침형이 많았고, 10대는 저녁형이 많았다.

10대에 저녁형이 많은 것은 좋지 못한 결과다. 저녁형 크로노타입일 경우 이른 등교 시간을 지키기 힘들기 때문이다. 고등학생은 평균적으로 새벽 1시에 잠자리에 드는데 늦잠을 잘 수 있는 주말에는 문제가 없지만, 일찍 일어나야 하는 주중에는 문제가 된다. 이런 수면 패턴은 생체 리듬이 사회적 역할 때문에 방해를 받는 사회적 시차증(social jet lag)을 유발한다. 주말과 주중 간의 시차가 장거리 여행에서 생긴 시차처럼 피로를 가져오는 것이다. 매주 동부와 서부를 왕복하는 것처럼 살고 있으니 당연히 피곤할 수밖에 없다.

사회적 시차증뿐 아니라 실제 시차가 있는 나라로의 출장이 잦거나 교대 근무를 하는 등 태양의 움직임과 다른 일정으로 생활하는 것도 멜라토닌 분비에 악영향을 미친다. 잠드는 것이 어려워지고 뇌가 혼란에 빠진다. 이러한 생활을 유지하면서도 문제를 해결할 방법은 매일 같은 시간에 운동을 하는 것뿐이다. 그렇다면 몇 시에 운동하는 것이 좋을까? 그것은 자신의 크로노타입에 따라 다르다.

딱 맞는 운동 시간대 찾는 법

빛과 운동이 수면에 미치는 영향을 분석했던 연구진이 크로노타입에 따른 적절한 운동 시간을 찾는 연구를 시행했다.[35] 참가자들은 이전과 마찬가지로 뇌가 생체 시간을 잊을 수 있도록 설계된 스케줄에 맞추어 잠을 잤다. 달라진 점은 1시간 동안 자지 않고 매우 짧게 잠을 잤다는 것이다. 그리고 참가자들은 매일 오전 1시, 4시, 7시, 10시 (오후도 동일) 등 미리 정해진 시간에 1시간 동안 러닝 머신을 걸었다.

연구에 참여한 101명 중 절반은 청년이었고, 나머지는 59~75세의 노인이었지만 연령과 관계없이 운동했다.

- 뇌의 시간을 늦추어 일찍 잠들고 싶다면 아침 7시, 또는 오후 1시에서 4시 사이에 운동하면 된다.
- 뇌의 시간을 당겨 늦게 잠들고 싶다면 저녁 7시에서 10시 사이에 운동하면 된다.

연구 결과를 크로노타입과 연결시켜보자. 일찍 잠들고 싶은 저녁형 인간이라면 아침에, 늦게까지 깨어 있고 싶은 아침형 인간이라면 저녁에 운동하면 된다. 고등학교 달리기 클럽에서 아침 7시에 운동하는 학생들을 연구한 결과 이들은 일찍 잠들 뿐만 아니라 숙면했으며,

사고능력도 뛰어났고 기분도 다른 이들보다 좋은 상태를 유지했다.[36]

이쯤이면 아마 아침형 인간은 "잠들기 전에 운동하는 건 별로 좋지 않을 것 같은데?"라고 말할 것이다. 하지만 그 생각은 틀렸다. 23개 연구 결과를 종합한 보고서에 따르면 잠들기 4시간 전에 한 운동이 수면을 돕는다는 사실을 발견했다. 다만 잠자리에 들기 1시간 전에는 격렬한 운동을 금해야 한다.[37]

이는 잠들기 1시간 전에 30분 동안 달리기를 했을 때 어떤 일이 일어나는지 분석한 연구를 통해 입증되었다.[38] 연구진은 활동적인 남성을 모집한 후 각각 다른 날에 중간 강도와 높은 강도로 달리게 했다. 매튜도 참가자 중 한 명이었는데 높은 강도로 운동했을 때는 자기 직전 심박수가 기준치보다 25bpm 더 높았고, 잠에 들기까지 평소보다 14분이 더 걸렸다. 반면 중간 강도로 운동했을 때는 심박수에 변화가 없었고 평상시처럼 빨리 잠들었다. 즉, 잠자리에 들기 1시간 전에 운동을 하더라도 심박수를 기준보다 25bpm 이상 높일 정도로 격렬하게 하지 않는다면 잠자는 데 아무런 지장이 없는 것이다.

그렇다면 심박수가 높아졌다는 것은 어떻게 알 수 있을까? 맥박을 측정해보면 된다. 검지와 중지를 펴서 손목이나 턱뼈 바로 밑에 대보자. 그다음 1분 동안 맥박이 몇 번 뛰는지를 세어보자. 이렇게 두 번을 반복해서 평균을 구하면 그것이 당신의 심박수다. 이때 주의할 점은 평상시의 심박수를 측정할 때는 조용하고 편안한 방에서 20분간 앉아서 휴식한 뒤 측정해야 한다는 것이다.[39] 평상시 심박은 보통 50~90bpm이며 연령, 성별, 체력에 따라 조금씩 달라진다.[40] 만약 잠들기 직전의 심박수가 평상시 심박수보다 25bpm이상 높다면 평소보다 잠들 때까지 오래 걸릴 가능성이 크다.

운동은 불안에도 좋다

심박수는 불안에 의해서도 높아진다. 불안감은 심박수를 138bpm까지 높일 수 있고[41] 잠들기 전에 불안한 생각을 한 사람들은 잠드는 데 12분가량 더 걸린다.[42] 뛰어난 성적을 내는 운동선수도 불안에서 자유롭지 않다. 그들 중 60퍼센트가 불안한 생각 때문에 경기 전날 잠들기가 어렵다고 토로한다.[43]

불면증을 앓고 있는 아이린도 "불안 때문에 밤마다 고생하고 있어요"라고 말한다. 운동을 하면 도움이 될까? 물론이다! 아이린의 경우에는 아침이나 오후에 운동을 하는 것이 뇌의 시간을 늦추어 잠드는 데 도움이 될 것이다. 아이린은 운동을 해보고 싶지만 오랫동안 운동하지 않아 어떻게 해야 할지 감을 잡지 못했다. 우리는 여러 자료를 토대로 프로그램을 설계해 제시했다. 요가와 태극권 등 불면증 완화에 도움이 되는 운동이 많았지만[44] 아이린은 다음의 걷기 프로그램을 가장 선호했다. 야외에서 오후 1시에 햇빛을 받으며 걷는 것이었다.[45]

아이린의 운동 프로그램

기간	운동 시간	걷기 속도
1주	10~15분	느린 속도
2주	15~20분	약간 빠른 속도
3주	20~25분	약간 빠른 속도
4주	20~25분	빠른 속도
5주	30분	빠른 속도
6주	30분	빠른 속도

아이린의 주치의는 그녀가 들고 간 운동 계획을 허락했다. 나는 아이린이 운동을 실행에 옮기기 전에 같은 프로그램을 실천했던 이들 중에 불면증이 6개월 만에 완화된 사람이 있다는 사실을 알려주었다. 아이린은 길고 긴 11년간의 만성 불면증을 끝내고 숙면을 취할 수 있다는 기대로 의욕이 넘쳤다. 한편 나는 아이린의 운동 시간을 정하기 위해 불면증 심각도 지수(ISI, Insomnia Severity Index) 검사를 시행했다. 간단한 질문에 '해당 없음'을 뜻하는 0에서 '매우 그렇다'를 뜻하는 4까지의 점수를 매기는 검사였다.

불면증 심각도 지수 검사

순서	질문	점수
1	잠들기가 어렵습니까?	
2	자주 잠에서 깹니까?	
3	너무 일찍 깹니까?	
4	당신의 잠에 얼마나 만족합니까?	
5	잠 때문에 일상생활이 방해됩니까?	
6	당신의 수면 문제를 다른 사람들이 알고 있습니까?	
7	수면 문제에 대해 얼마나 걱정합니까?	

답안의 점수를 전부 더하면 총점을 얻을 수 있는데 총점이 높을수록 불면증이 심하다는 뜻이며, 15점 이상의 점수를 받았다면 임상적으로 불면증을 앓는 것이다.[46] 아이린은 16점을 받아 중간 정도의 임상 불면증 상태인 것으로 나타났다.

프로그램이 끝난 뒤에도 아이린은 운동을 멈추지 않았다.[47] 오후

1시가 되면 걸으러 밖으로 나가곤 했다. 6개월이 지난 뒤, 아이린의 상태가 얼마나 호전되었는지 확인하려고 만나 불면증 심각도 지수 검사를 다시 했다. 놀랍게도 그녀의 점수는 전보다 4점이나 낮았다! 더 이상 임상 불면증이 아니었다! 나는 "믿을 수가 없어요!"라고 놀라서 소리쳤지만 아이린은 담담했다. 그녀는 일상에서 이미 변화를 느끼고 있었다. 운동을 시작한 뒤로 더 빨리 잠들고 깊이 잤다. 새로운 삶이 시작된 것이었다.

깊이 잠들고 싶다면

[아령] 6개월 동안 아이린의 체력은 이전보다 더 멀리 더 빨리 걸을 수 있을 정도로 개선되었다. 아이린은 꾸준히 운동했기에 더 빨리 잠들 수 있었고, 강도 높은 운동을 적당한 시간 동안 했기 때문에 더 깊이 잘 수 있었다.[48]

운동을 할수록 잠을 깊게 자는 이유를 이해하기 위해서는 두 번째 천연 수면 보조제인 아데노신(adenosine)에 대해 알아야 한다.[49] 아데노신은 뇌를 비롯한 신체의 모든 세포에서 발견되는 화학물로 우리가 움직이는 동안 계속 높아진다. 때문에 운동을 길게 열심히 할수록 낮 동안 아데노신이 많이 쌓여 밤에 더 깊이 잘 수 있다.[50]

뇌에는 아데노신의 증가를 감지하는 센서가 장착되어 있어 아데노신이 지나치게 높아지면 뇌는 당신을 재운다.[51] 아데노신 수치는 뇌의 배터리를 얼마나 사용했는지를 나타내는 것으로 이해하면 쉽다.

배터리를 다 쓰면, 당신이 어디에 있든 시간이 몇 시든 뇌가 당신을 재우는 것이다. 이 수면 보조제는 멜라토닌과는 달리 시간에 관계없이 작동한다.

아쇼프 박사의 벙커 실험은 어두운 동굴에 갇혀 시간을 전혀 감지하지 못하는 상황에서도 사람이 여전히 하루의 3분의 2시간 동안 깨어 있고 3분의 1시간 동안 잠을 잔다는 것을 보여주었다.[52] 우주비행사도 시간을 알 수 없는 환경에서 산다. 우주선은 하늘에 떠 있는 벙커와 다름없다. 태양이 45분마다 떴다가 질 때도 있고 전혀 보이지 않을 때도 있다. 하지만 아폴로 11호의 탐사 기록에 따르면 닐 암스트롱은 태양이나 시간과 관계없이 매일 잠을 잤다.[53] 야간 교대 근무를 해봤다면 이것이 사실이라는 것을 잘 알 것이다. 대부분 사람들에게 '낮'일 때라도 매일 '밤'잠을 잔다.[54] 이것이 아데노신의 힘이다. 방전된 배터리는 시계를 이긴다.

아데노신은 체온처럼 항상성의 통제 하에 있다.[55] 아데노신 수치가 위험할 정도로 높아지면 뇌는 경보를 울린다. 우리는 그 경보를 무시할 수도 있고 커피를 마시며 억누를 수도 있다. "한 잔 더 하시겠습니까?"라고 바리스타가 묻고 "예, 부탁합니다"라고 당신이 대답하는 식이다. 하지만 아데노신 수치가 너무 높아 더 이상은 버틸 수 없는 순간이 오면 한순간에 잠에 빠진다. 정신을 차리자 바리스타가 커피를 든 채 당신을 빤

커피는 어떻게 잠을 쫓을까

과연 졸음을 커피로 이길 수 있을까? 잠이 부족해 눈이 잠기는 날이면 커피는 신이 내린 선물처럼 느껴진다. 하지만 커피는 결국에 찾아올 피로를 지연할 뿐이다. 카페인은 아데노신을 수용체와 결합하지 못하게 막아 몸이 피로하다는 경고를 보내지 못하도록 만든다.[57] 때문에 카페인이 사라져 수용체가 해방되면 커피의 힘을 빌려 유예해 두었던 엄청난 양의 아데노신이 쏟아지고 자기 의지와는 상관없이 곧장 잠에 빠지는 것이다.

히 바라보고 있다. 무슨 일이 일어났던 것일까? 당신은 순간적으로 미세 수면 상태에 빠졌던 것이다. 바리스타가 눈치채지 못했기를 바라지만 이미 늦었다. "에스프레소 샷을 추가했어요. 이건 서비스입니다"라고 말하며 윙크를 건넨다. 당신의 얼굴은 달아오르고 너무 피곤해 재치 있는 대답도 떠오르지 않는다.

내가 하고 싶은 말은 운동은 낮 동안 뇌의 배터리를 방전시켜 밤에 깊이 잠들게 한다는 것이다. 숙면은 소위 말하는 수면 부채, 즉 우리 일상의 부족한 수면 누적분을 갚는 데 꼭 필요하다.[56] 수면 시간이 부족하면 수면 부채가 늘어나 낮에도 졸리게 되는데 적은 양의 부채도 물이 불어나듯 늘어나 엄청난 빚이 되기 십상이다. 11일 동안 깨어 있던 고등학생 랜디 가드너를 기억하는가? 실험 막바지가 되자 그의 수면 부채는 무려 88시간에 달했다.

일반적으로 잠을 연속해서 자지 않고 88시간 동안 깨어 있는 것은 매우 어려운 일이지만, 만약 44일 동안 우리 몸이 필요한 수면 시간보다 2시간씩 부족하게 잔다면 랜디 가드너와 비슷한 양의 수면 부채를 얻게 된다.[58] 건강에 문제가 생기는 것은 말할 필요도 없다.

잠을 제대로 자지 못하는 희귀 질환인 치명적 가족성 불면증(FFI, Fatal Familial Insomnia)을 살펴보자. 이 병은 수면-각성 주기를 조절하는 뇌에 이상이 생겨 단 1초도 잘 수 없는 병으로 대개 증상이 시작된 후 7~73개월 이내에 사망한다.[59] 무척 드물게 가족 간에 유전이 되기도 해서 FFI의 피가 흐르는 프란체스코 가족은 이 병을 집안의 저주라고 부른다. 대개 40세 무렵에 발병하기에 이제 40세가 된 프란체스코는 저주에 걸리지 않기만을 기도하고 있다.

그만큼 숙면은 건강에 중요하다. 수면의 깊이는 뇌활성도에 영향을 받는다. 우리가 깨어 있고 움직일 때는 뇌가 활발히 일한다.[60] 몸을 움직이고 정신에 집중하기 위해 뇌의 배터리를 사용해 빠르게 소모되는 것이다. 보통 뇌의 배터리는 16시간 사용하면 방전되어 우리는 잠자리에 들게 된다. 잠은 4단계에 걸쳐 점점 깊은 잠으로 나아가는데 다음과 같다.

1 **1단계 경수면**(light sleep): 나른한 상태를 말한다. 깨어 있는 상태와 잠든 상태의 중간 지점이라고 보면 된다. 바쁘게 움직이던 뇌의 활동성이 줄어들면서 뇌파의 진폭은 점점 커지고 주파수는 느려지게 된다. 대개 10분가량으로 짧게 지속된다.

2 **2단계 심수면**(deeper sleep): 점점 더 뇌의 활동성이 줄어들면서 의식이 희미해진다. 이때 빠르고 규칙적인 뇌 활동이 발생하는데 이 같은 형태의 뇌파를 수면 방추(sleep spindle)라고 한다. 수면 방추는 숙면을 위한 필수 단계로 대다수 사람들이 잠에 깊이 빠져들기 전 10~25분가량 이 상태에 머문다. 반면 FFI 환자들은 수면 방추가 발생하지 않아 잠에 깊이 들지 못하고 뇌가 휴식하지 못한다.[61]

3 **3단계 서파수면**(slow wave sleep): 의식이 전혀 없고 주변 상황을 감지하지 못하는 상태다. 뇌의 활동성이 거의 정지한 수준으로 느려지고, 파장이 느리고 진폭이 큰 델타파*가 발생한다. 델타파

•   뇌파의 한 종류로 깊은 수면에 빠질 때 발생한다.

가 뇌를 장악하면 뇌가 깨끗해진다.[62] 푹 자고 일어난 후 개운한 이유가 바로 이 때문이다. 숙면은 이러한 방식으로 뇌를 재충전하며 숙면할수록 수면 부채를 빠르게 갚는다. 서파수면은 20~40분 동안 지속되며 운동을 하고 난 뒤에 잠들 경우 더 길어진다.[63][64]

4 **4단계 렘수면**(rem sleep): 서파수면이 끝난 뒤에는 뇌와 안구가 빠르게 움직이는 렘수면(Rapid Eye Movement sleep)으로 진입한다. 뇌파의 양상은 각성 상태일 때와 비슷하게 움직인다. 다시 잠의 깊이가 얕아진 상태로 뇌의 활동성이 증가하고 잠에서 깨기도 쉽다. 반면 근육은 이완되어 움직이지 않는다. 다만 '렘(Rapid Eye Movement)'이라는 이름처럼 눈은 빠르게 움직인다. 렘수면 단계에서 가장 생생하고 복잡하며 감정적인 꿈을 꾼다.[65] 첫 렘수면이 몇 분간 지속되다 다시 서파수면으로 돌아가고, 잠을 자는 동안 뇌는 서파수면과 렘수면 사이를 보통 4~6회 정도 순환한다. 렘수면은 평균적으로 잠든 지 90분 후에 처음 일어나며 잠든 시각에서 멀어질수록 그 길이가 점점 길어져 최대 60분까지 지속될 수 있다.

숙면의 단계인 서파수면은 나이를 먹을수록 감소하기 때문에 더 많이 움직여야 잠을 잘 잘 수 있다. 일부 노인들은 서파수면 시간이 총 수면 시간의 5퍼센트에 불과해 충분히 원기가 회복되었다는 느낌을 받지 못하기도 한다.[66] 또한 뇌를 청소하는 델타파가 부족해 뇌에 독성 잔여물이 쌓여 뇌 플라크가 생긴다.[67] 수면 부족이 알츠하이머병을 유발할 가능성이 바로 여기에 있다.[68] 다행히 유산소 운동과 근력 운동으로 수면의 질을 높여 중년과 노년의 수면 문제를 치료할 수 있다.[69]

현대인의 생활 패턴은 귀중한 수면 시간을 끊임없이 갉아먹고 있다. 그렇다면 바빠서 잠을 충분히 잘 수 없을 때를 대비해 수면 시간을 저장해둘 수도 있을까? '수면 예금'이 가능한지 알아보기 위해 젊은 성인 24명을 대상으로 실험을 진행한 연구를 살펴보자. 이 실험에는 엘라와 헤일리도 참여했는데 이 둘은 각기 다른 수면 조건에 배정되었다.[70]

- 엘라는 수면 연장 그룹에 속해 수면 제한을 실시하기 전 일주일 동안 하루 10시간씩 잤다.
- 헤일리는 평소 수면 그룹에 속해 수면 제한을 실시하기 전 일주일 동안 하루 7시간씩 잤다.

이후 참가자들은 하루 3시간으로 수면이 제한된 일주일을 보내고 각성도를 측정했다. 둘 다 각성도가 낮게 나왔는데 그중 헤일리의 성적이 더 나빴다. 그리고 헤일리는 회복하는 데도 더 많은 시간이 걸렸다. 그 후 5일 동안 충분히 수면한 뒤에도 헤일리는 각성도 테스트에서 평소만큼 성과를 내지 못했다. 반면 엘라는 회복이 빨랐다. 수면 제한을 받기 전 일주일 동안 저축된 21시간(하루 3시간×7일)의 수면이 엘라에게 큰 도움이 되었다. 그녀는 하룻밤만에 충분히 자고 나서 컨디션이 최고 상태에 가깝게 회복되었다. 수면 예금의 효과가 입증된 것이다. 그러니 평소에 수면 저축 계좌를 만들어 잠이 필요한 시기를 대비하는 것이 좋다. 방법은 간단하다. 운동을 규칙적으로 해 수면 시간을 늘리고 깊이 자면 된다!

잠이 오지 않을 때 술을 마시면 안 되는 이유

어떤 사람은 잠이 오지 않을 때 제멋대로 술을 자가 처방한다. 알코 올이 뇌의 속도를 늦추는 진정제이긴 하지만, 과연 밤에 술을 마시고 잠드는 것이 수면을 도와줄까? 물론 빨리 잠들고 깊이 잘 수 있는 것 은 사실이다. 하지만 혹독한 대가를 치러야 한다.[71] 그것은 잠의 후반 부가 방해되어 렘수면이 부족해지는 것이다.

꿈을 몇 개 덜 꾸는 게 뭐가 그리 중요한지 의문을 가질 수도 있을 것이다. 그러나 렘수면 중에 우리가 꾸는 꿈은 뇌의 오락일 뿐만 아 니라 정서와 연관된 기억을 맥락에 맞게 정리해 감정의 고통을 덜어 내는 역할을 수행한다.[72] "잠을 자. 자고 나면 아침에는 기분이 나아질 거야"라는 엄마의 조언이 일리가 있던 것이다. 술을 마시고 잤을 때 는 렘수면이 방해되어 아침에 일어나도 기분이 좋아지기는커녕 오히 려 더 나빠진다. 그뿐만 아니라 두려운 기억이 되살아날 가능성도 높 아진다. 보통 불면증과[73] 외상 후 스트레스 장애가[74] 있을 경우에 그렇 고, 거꾸로 알코올 중독자가 쉽게 불안해하는 이유로도 볼 수 있다.[75]

과한 음주에 대한 공식적인 기준은 없지만, 확실한 것은 한두 잔 마시는 게 네 잔 이상 마시는 것보다 낫다는 점이다.[76] 그렇다면 술로 인한 수면 문제에 운동이 도움이 될까? 운동은 알코올 중독 환자가 재활 치료를 할 동안에 겪는 불안감을 완화하지만(4장 참조) 알코올의 수면 방해로부터는 지켜주지 못한다.[7] 따라서 술은 피하고 운동을 해야 한다.

글을 쓰다 보니 어느새 눈을 붙일 시간이다. 내일의 할 일 목록 맨 위에는 운동이 있다. 나는 철인3종 경기를 위한 훈련을 시작한 뒤부터 매일 밤 죽은 듯이 잔다. 물론 나처럼 격렬하게 운동해야만 푹 잘 수 있는 것은 아니다. 이 장 마지막에 있는 '잠 못 드는 당신을 위한 하루 10분 트레이닝'이 당신을 도와줄 것이다. 그럼 좋은 밤 되길!

잠 못 드는 당신을 위한 하루 10분 트레이닝

- **난이도:** 중급
- **뇌과학적 목표:** 뇌의 시계를 재설정하기
- **마인드셋:** 하루아침에 불면증이 사라지지는 않는다

월	화	수	목	금	토	일
달리기	불면증 퇴치 운동	달리기	전력 질주 사이클링	달리기	숙면 운동	휴식

◆ 달리기

1. 편안한 걸음걸이로 5분간 천천히 걷는다.
2. 30분간 힘이 들지만 편안하게 받아들일 수 있는 속도로 달린다.
3. 만약 운동이 쉽게 느껴지면 달리는 시간을 매주 5분씩 늘린다. 밤에 잠이 오지 않는 사람이라면 아침에 운동하는 것이 좋다.

◆ 불면증 퇴치 운동

5분간 천천히 걸으면서 몸을 푼 뒤, 1~8번까지의 동작을 정해진 횟수만큼 반복한다. 그다음 30초간 휴식한다. 만약 운동이 쉽게 느껴지면 각 동작 횟수를 15회(시간일 경우 40초)로 늘리고 전체를 3회 반복한다.

순서	종류	횟수(시간)	참고
1	플랭크	30초	299쪽
2	변형 브릿지	한쪽당 10회	279쪽

3	런지	한쪽당 10회	268쪽
4	팔 굽혀 펴기	10회	294쪽
5	바이시클 크런치	한쪽당 10회	273쪽
6	동키 킥	한쪽당 10회	266쪽
7	래터럴 레이즈	10회	267쪽
8	팔 벌려 뛰기	30초	297쪽
마무리	휴식	30초	-

◆ 전력 질주 사이클링

1. 자전거를 5분간 천천히 타면서 몸을 풀고, 가능한 한 빠른 속도로 20초 간 탄다. 그다음 2분간 휴식한다.
2. 이 과정을 6회 반복한다.
3. 마지막에는 10분간 천천히 걸으며 마무리한다. 적어도 잠들기 1시간 전에는 운동을 끝내 심박수를 원래대로 되돌린다. 만약 운동이 쉽게 느껴지면 매주 횟수를 1회씩 늘린다.

◆ 숙면 운동

5분간 천천히 걸으면서 몸을 푼 뒤, 1~8번까지의 동작을 정해진 횟수만큼 반복한다. 그다음 30초간 휴식한다. 만약 운동이 쉽게 느껴지면 각 동작 횟수를 15회(시간일 경우 40초)로 늘리고 전체를 3회 반복한다.

순서	종류	횟수(시간)	참고
1	사이드 플랭크	한쪽당 30초	283쪽
2	교차 슈퍼맨	한쪽당 10회	260쪽
3	스쿼트	10회	286쪽
4	팔 굽혀 펴기	10회	294쪽

5	원암 덤벨로우	한쪽당 10회	292쪽
6	고관절 열기	한쪽당 10회	258쪽
7	데드 벅	한쪽당 10회	264쪽
8	스케이터	30초	285쪽
마무리	휴식	30초	-

7장

집중력을 높여
창의적인 삶으로

모든 마라톤이
결승선에서 우승하는 것은 아니다.

_테리 폭스 재단(의족 마라토너 테리 폭스를 기리는 단체)

만세! 여기까지 온 것을 축하한다. 당신은 고된 시간을 견뎌내고 여기까지 왔다. 체력을 단련했고 불안과 우울증, 중독에서 탈출했으며 몸과 마음은 더 젊어졌다. 이제 당신은 더 강해졌다. 그 이유는 분명하다. 운동이 여러 가지 방식으로 당신을 치유한 것이다. 당신은 더 많이 웃을뿐더러 갈망에 시달리는 일이 적어졌다. 기억력은 높아졌고 잠을 더 잘 잔다. 일에서는 집중력이 좋아졌고 창의적인 해결책이 어렵지 않게 떠오른다. 운동이 두뇌의 잠재력을 열어젖힌 것이다. 당신의 노력으로 얻어낸 것이니 천재성이 발휘되는 순간을 즐기라. 하지만 명심할 것이 있다. 이것은 평생에 걸친 여정이라는 사실이다. 페이스를 지키고 새로운 경험을 즐기고 매 순간에 의미를 두어야 한다. 그것이 인내라는 덕목을 인생의 끝까지 가져가는 데 필요한 일이다.

　이 책의 마지막 장에서는 운동을 자신에게 최적화시켜 집중력과 창의력을 강화하는 방법을 배울 것이다. 그다음 운동이 가져다주는 몰입과 투지의 순간이 얼마나 가치 있는지 살펴보고 힘든 시기에 운동을 멈추지 않는 것이 가져오는 놀라운 힘을 깨닫게 될 것이다.

체력이 집중력을 만든다

창조하는 뇌의 능력은 오랜 시간 선망의 대상이었다. 이는 뇌의 가장 진화한 영역인 전전두피질의 기능으로[1] 그 덕분에 인간은 세상에 단순히 반응하는 데 그치지 않고 세상과 상호작용하게 되었다. 이 능력은 인간을 다른 동물과 구분한다. 인간은 과거로부터 교훈을 얻고, 미래를 예측하며, 목표를 성취하기 위해 계획을 세운다. 인류가 이룬 경이로운 문명이 그 결과물이다.

하지만 언제나 위대한 아이디어를 떠올릴 수 있는 것은 아니다. 때에 따라 같은 생각이 어떤 때는 가능성으로 보이고, 또 다른 때는 장애물로 보이기 때문이다. 잠이 부족해 제대로 된 사고를 할 수 없을 때를 떠올려보라. 그뿐 아니라 앞서 이 책에 등장한 모든 질환은 탁월한 아이디어를 창출하는 능력에 악영향을 미친다. 이를테면 불안장애와 우울증 환자는 집중하는 것을 무척 어려워한다. 집중력 결핍 증세를 두 질환을 진단하는 척도로 사용할 정도다.[2] 중독은 뇌가 감정과 충동을 조절하지 못하게 방해해 잘못된 결정을 내리도록 만든다.[3] 한편 뇌가 노화한 노인들은 집중을 방해하는 요소를 제거하는 능력이 떨어져 생각을 정리하는 데 어려움을 겪기도 한다.[4]

설상가상으로 집중력이 부족하니 보고 싶은 것만 보게 되고, 다른 사람의 관점을 이해할 여력이 없어진다.

몸과 정신이 따로 존재한다는 착각

혹시 데카르트의 "나는 생각한다. 고로 존재한다"라는 말을 아는가? 이 말을 좋아하는 사람도 있겠지만 나는 아주 싫어한다. 르네 데카르트의 심신이원론 때문에 현재 우리는 정신과 육체를 분리해 생각하는 것이 자연스럽다. 우리가 어느 편에 서 있는지는 명백하다. 얼마나 많은 시간을 몸에서 빼앗아 정신에게 주었는지 돌이켜보라. 생산성을 위해 어쩔 수 없는 일이었다고 합리화하지만 실은 시간을 머리에만 할애할수록 생산성은 오히려 형편없어진다. 데카르트는 틀렸다! 정신과 육체는 분리되어 있지 않다. 둘은 서로 의존하고 있다. 생각을 잘하고 싶다면 움직여야 한다.

이런 상황을 생각해보자. 당신은 마감 시한이 있는 프로젝트를 이끌고 있으며 지금 회의를 하고 있다. 이 회의는 프로젝트를 성공적으로 마치는 데 도움을 줄 것이다. 회의 도중 상사는 클라이언트가 원하는 것이 정확히 무엇인지 짚어준다. "최종 프로젝트에 이런 것들을 포함시키는 게 중요해요"라고 그녀가 강조한다. 당신은 고개를 끄덕인다. 하지만 갑자기 정신이 돌아오듯 당황해 제대로 들은 게 맞나 싶어 "마지막에 했던 말씀을 다시 한 번 해주시겠어요?"라고 묻는다. 상사는 짜증이 났지만 어쨌든 다시 말해준다. 그런데 그때 당신의 정신에서 "흠… 그런데 점심은 뭘 먹어야 하지?"라는 말이 끼어든다! 그걸 인지하는 순간 "아니, 이 시점에 어떻게 딴 생각을 할 수가 있지!"라며 스스로를 꾸짖는다. 상사가 말을 이어가고 있는 와중에 말이다. 그러고는 말을 또 놓쳤다는 사실을 깨닫는다. 맙소사! 아마 팀 내에서 정신을 차리고 있는 다른 누군가가 당신이 무의식적으로 중얼거린 말을 들었을지도 모른다.

회의 중 당신에게 무슨 일이 일어났던 것일까? 이것을 마음의 배회(mind wandering)라고 부른다.[5] 지금 하고 있는 일과 관련이 없는 무언가를 생각하는 상태다. 뇌는 수많은 네트워크로 이루어져 있는데 '마음의 배회'는 디폴트 모드 네트워크(default mode network)의 지배를 받는다. 이는 멍한 상태이거나 몽상에 빠졌을 때 활발해지는 뇌의 영역으로 내측전전두엽피질, 후대상피질, 두정엽피질에 퍼져 있는 신경 세포망을 말하며 휴지 상태 네트워크(rest state network)라고도 부른다. 즉 마음의 배회는 휴가 모드인 것이다. 당신은 "좋네. 난 휴가가 필요해"라고 말할지도 모른다. 하지만 당신은 휴가를 써도 너무 많이 쓰고 있다! 현재는 안중에 없고 상상력을 이용해 과거와 미래를 바쁘게 오가고 있으니 말이다.

집중력을 높이고 싶다면 당신이 과제에서 완전히 벗어나 있다는 사실부터 인지해야 한다. 수다 떨기, 문자 보내기, 낙서하기, 꼼지락거리기 등의 행동은 당신이 '휴가를 떠났다'라는 신호다. 또한 이런 행동을 보이지 않아도 눈에 띄지 않게 '휴가'를 떠날 수도 있으니, 바로 앞에서 펼쳐지는 상황에 집중하지 않고 대화에 귀를 기울이지 않는 것이다. 이제 휴가 모드를 끝내고 당면한 일로 돌아가야 한다!

작업 모드로 돌아가면 우리는 실행 제어 네트워크(executive control network)라고 불리는 두뇌 네트워크의 지배를 받는다. 짐작했겠지만 작업 모드에서는 휴가 모드보다 더 많은 에너지가 필요하고, 에너지

를 소진하면 뇌는 자동적으로 휴가 모드로 전환된다.[6]

실행 제어 네트워크의 실행기능은 작업 기억력, 억제 조절력, 인지적 유연성이라는 세 가지 하위 요소로 구성되어 있다.[7] 다른 사람에 비해 작업 기억 공간이 크고 억제 조절력이 뛰어나고 인지 유연성이 좋으면 집중력과 창의력이 높다. 그런 사람은 업무를 쉽게 처리하고 수월하게 사고하며 업무 내외 사안들도 효율적으로 관리한다.[8]

1 **작업 기억력**: 작업 기억은 단기 기억이라고도 불리며 문제를 해결하거나 어떤 일을 계획하고 결정하는 것과 같은 고차원적인 인지 활동과 연관이 있다. 작업 기억의 공간은 제한적이기에 그 속의 내용물은 계속해서 변한다. 새로운 '파일'을 열려면 다른 '파일'은 닫아야 한다. 일부 파일은 저장되지만(기억) 일부는 저장되지 않는다(망각).

2 **억제 조절력**: 자신이 하는 일과 상관없는 자극을 무시하는 능력이다. 예를 들어 억제 조절력이 뛰어난 사람은 회의 시간에 점심 메뉴가 생각나도 그 생각을 억제하고 회의에 집중한다. 다시 말해 작업 모드를 유지하기 위해 휴가 모드를 억제하는 것이다.

3 **인지적 유연성**: 상황에 맞게 주의를 다른 곳으로 돌리거나 적용할 방법을 적절하게 변경하는 유동적 사고능력을 말한다. 이것은 일과 놀이에서 얻은 아이디어를 결합해 창의적 사고를 할 때 사용된다. 인지적 유연성에 의한 작업 모드와 휴가 모드 사이의 전환은 현출성 네트워크(salience network)라는 세 번째 두뇌 네트워크에도 영향을 받는다. 현출성 네트워크는 세상일과 자극을 모니터링하고 주의를 집중해야 할 일과 자극을 선별해낸다. 마

치 채널을 바꾸는 리모콘처럼 네트워크를 전환시킨다.

운동은 뇌력을 기운다

운동은 두뇌를 단련해 이와 같은 실행기능을 강화한다.[9] 혈당과 산소를 충분히 공급받은 전전두피질은 실행기능이 그 어느 때보다 뛰어나다. 이 시간은 생각을 점검하고 판단의 오류를 발견할 수 있는 최고의 기회다. 이를 위해 반드시 하루 몇 시간 이상의 운동을 해야 하는 것은 아니다. 휴식 시간에 잠깐 몸을 움직이는 것만으로도 생산성을 크게 개선할 수 있다. 우리 연구소는 과제 수행 중 5분간 운동하며 짧게 쉰 경우, 쉬는 시간 없이 일하거나 정적으로 휴식했을 때보다 더 생산적이라는 점을 입증했다.[10] 우리는 4장의 하루 10분 트레이닝에서 소개한 강도 높은 동작이 포함된 '뇌신경 바로잡기 운동'을 사용했지만 가볍게 움직이거나 스트레칭해도 충분히 좋은 결과를 얻을 수 있다. 어떤 강도의 운동이든 시작한 지 15분이 채 안 돼 전전두피질 내에 산소를 포함한 혈류가 증가하기 때문이다. 운동이 격렬하고 그 시간이 길수록 산소를 포함한 혈류가 급격히 늘어난다.[11]

가볍게 운동하고 싶다면 1장 마지막의 체력 회복 운동을, 적당한 강도를 원한다면 3장 마지막의 기분 전환 운동을, 격렬하게 운동해 흠뻑 땀을 흘리고 싶다면 4장 마지막의 뇌신경 바로잡기 운동을 하면 된다. 만약 회의 중이라 운동을 할 수 없는 환경이라면 잠시 일어나서 회의실 뒤로 이동하라. 조금만 투자해도 엄청난 효과를 얻을 수 있다. 운동을 회의 준비 과정의 일부로 통합해 운동할 수 있는 여건을 사전에 마련해놓는 것도 훌륭한 방법이다. 운동에서 얻은 힘으로 그 후 2시간 동안 집중력을 유지할 수 있을 것이다.[12]

초등학교 4학년 아이들의 담임을 맡고 있는 에블린 베이커는 우리의 연구를 접한 뒤, 쉬는 시간에 운동을 하면 아이들이 집중력을 유지하는 데 도움이 될지 궁금했다. 최근 들어 학습 분위기가 매우 나빠졌기 때문이다.

베이커는 이 책의 마지막에 소개되는 운동을 아이들에게 하게 했다. 아이들은 무릎 올려 제자리 뛰기, 앉았다 일어서기, 팔 벌려 뛰기 등을 한 뒤 5분간 휴식 시간을 가졌다. 베이커는 결과가 대단히 만족스러웠고 이에 수업에도 운동을 적용했다.[13] 그녀는 그 운동을 '에너자이저'라고 부른다. 실제로 아이들은 에너지가 넘치듯 더 많이 움직일 기회가 있었다. 아이들이 사자에 대해 배울 때는 사자와 같은 동작을 하고, 1 더하기 1이라는 덧셈 문제가 나왔을 때는 두 번의 팔 벌려 뛰기를 하는 식이다. 아이들의 변화는 믿기 힘들 정도였다. 아이들의 산만함은 줄었고 이전보다 수업에 더 집중했다. 다른 교사들도 그녀의 비결을 알고 싶어 했다. 베이커는 흔쾌히 방법을 공유했고 곧 전교생이 더 많이 움직이게 되었다.

물론 학교의 이러한 시도를 우려스럽게 보는 시선도 있었다. 일부 학부모들은 공부에 시간을 충분히 할애하지 않는 것 같다며 학교에 의문을 제기했다. "아이가 학업에서 뒤처지는 걸 원치 않아요"라고 학부모회장이 말했다. 결국 학부모회는 회의에 나를 초대해 의견을 물었다. 부모님들과 선생님들이 모두 참석한 회의였다. 나는 "양보다 질이 중요합니다. 연구에 따르면 활동적인 학급의 학습량은 비활동적인 학급에 못지않았고, 무언가를 배우는 데 걸리는 시간은 오히려 더 짧았습니다. 때문에 활동적인 학급은 비활동적인 학급에 비해 보다 지속적인 학습이 가능합니다. 곧 아이들의 성적이 나아진 걸 보게 되실 겁니다"라고 말했다. "게다가 아이들이 무척 좋아합니다"라고 베이커가 덧붙였다. "교사들도요!" 다른 교사도 덧붙였다. 모든 교사가 동의의 뜻으로 고개를 힘차게 끄덕이고 있었다.

나는 부모님들에게 직접 운동을 해보도록 권했다. "일하는 동안 한 번씩 5분 정도 일어나 움직여보세요. 스트레칭을 해도 좋고 계단을 잠깐 오르내려도 좋습니다. 그러고 나서 감정과 집중력에 어떤 차이가 발생했는지 확인해보세요." 그로부터 일주일 뒤 학부모회장에게 전화가 왔다. 그녀는 운동의 효과를 느낄 수 있었다는 소식을 전해주었다. 직장에서 시간이 날 때마다 계단을 올랐는데 스트레스로 복잡하던 마음이 한결 차분해졌을 뿐 아니라 집중력도 높아져서 일을 더 빨리 마칠 수 있었다는 것이다. 그녀는 이제 아이들이 학교에서 운동하는 것을 적극적으로 지지했다. 심지어 수업 중 운동만으로 충분한지 궁금해할 정도였다. "아이가 방과 후에 운동을 더 하는 게 좋을까요?"라고 물었다. 나는 "물론이죠! 몸을 많이 쓴 아이들은 그렇지 않은 아이들에 비해 수업에 더 집중하고 더 높은 성적을 받습니다"라고[14] 답했다. 그녀는 "그럼 운동에 시간을 얼마나 할애해야 할까요? 아시다시피 요즘 아이들이 워낙 바쁘잖아요"라고 또 한번 물었다.

WHO는 청소년이 매일 1시간 이상 강도 높게 운동하도록 권고하고 있다.[15] 나는 학부모회장의 질문에 답하기 위해 운동이 신체가 아닌 뇌에서 좋은 영향을 발휘하려면 얼마만큼의 운동량이 필요한지 실험해보기로 했다. 우리 연구소는 3만 1,000명의 학생들에게 두 가지를 물었다. "지난 일주일 중 심박수가 상승하고 숨이 가빠질 정도로 1시간 이상 운동한 날은 며칠인가요?"라는 것이 첫 번째 질문이었다. 그다음 "언어(듣기, 쓰기, 말하기), 수학, 전 과목 평균 성적은 각각 얼마인가요?"라고 물었다. 질문에 대한 응답을 분석한 결과, WHO의 권장 운동량보다 훨씬 적은 양으로도 두뇌에 긍정적인 효과가 발생했다.[16] 다만 적정 운동량은 나이에 따라 달랐다.

청소년 두뇌 건강을 위한 적정 운동량

초등학생	중고등학생
• 일주일에 1~2일이라도 1시간 동안 운동하는 것이 운동하지 않는 것보다 낫다. • 운동을 한 횟수가 많을수록 좋으며 일주일 내내 운동하는 것이 가장 좋다.	• 성적을 올리고 싶다면 일주일에 3~4일은 1시간 동안 운동해야 한다. • 일주일에 3~4일 이상으로 횟수를 늘려도 추가적인 효과는 없다.

나는 이 연구에서 신체 활동이 학업 성취도를 향상하는 메커니즘도 파악했다. 바로 신체 활동이 앞서 이야기한 실행기능, 즉 작업 기억력, 억제 조절력, 인지적 유연성을 개선한다는 사실이다.

실제로 주의력결핍과잉행동장애(ADHD)가 있는 어린이들의 인지적, 행동적, 신체적 증상은 신체 활동을 통해 완화된다.[17] 에이든은 ADHD가 있어도 초등학교에서는 수업에 쉽게 집중했다. 그러나 중학교에 진학한 뒤로는 잠시도 가만히 앉아 있지 못했다. 에이든의 엄마는 초등학교 때와 비교해 중학교의 환경이 달라진 것이 무엇인지 살펴보았다. 그녀는 중학교 일과 시간표가 초등학교 일과 시간표보다 체육 시간이 줄어들었다는 점을 발견했다. 초등학교 때 에이든은 매일 체육 수업을 했었다. 에이든의 뇌가 원활하게 사고하기 위해서는 운동이 필요하다고 결론 내린 에이든의 엄마는 매일 아침 에이든이 등교하기 전 에이든과 함께 운동을 했다. 놀랍게도 에이든은 다시 집중력을 되찾았고 문제 행동으로 인한 담임 선생님의 연락도 받지 않았다. ADHD 환자는 전전두피질에 필수 영양소와 혈류, 도파민이 부족하기 때문에 집중하기를 어려워한다.[18] ADHD 환자들에게 쓰는 약물인 리탈린(rialin)과 애더럴(adderal)은 신경계를 변형해 이러한 결핍을 바로잡는다. 다만 약물은 식욕 감퇴, 두통, 불면증 등 부작용을 동반한다. 운동은 약물과 똑같은 효과를 내면서 전혀 부작용이 없다.[19]

오늘날에는 베이커가 그랬던 것처럼 많은 교사들이 신체 활동이 학습에 긍정적인 영향을 미친다는 점을 깨닫고 있다. 최근 한 연구는 모든 학교에 페달이 달린 책상이나 실내 자전거, 혹은 교실 뒤쪽에 아이들이 자유롭게 움직일 수 있는 개방된 공간이 있어야 한다고 주장한다. 약 20분의 강도 높은 유산소 운동만으로도 이후 아이들의 실행기능이 1시간 이상 향상되었다는 연구 결과도 있다.[20] 운동으로 인한 실행기능의 향상은 ADHD가 있는 어린이뿐 아니라 모든 어린이에게서 발견되었다.[21]

집중하기 위해서는 잠깐이라도 움직여야 한다

일과 중에 조금만 신체 활동을 늘려도 혜택을 보는 것은 어린이뿐 아니라 우리 모두에게 해당된다. 운동이 인생 전반에 걸쳐 실행기능을 향상시키기 때문이다.[22] 특히 연구자들은 억제 조절력 향상을 운동의 가장 큰 효능으로 주목하고 있다.[23][24] 연구실이라는 환경에서 실험에 필요한 단순한 운동을 했기 때문에 발생한 효과가 아닌지 의심되긴 하지만 말이다. 이것이 무슨 말인가 하면 실험을 위해 모든 방해 요소가 제거된 환경에서 운동을 하면, 지루함을 쉽게 느껴 신체뿐 아니라 자연스럽게 정신까지 단련하게 된다는 뜻이다.

고백하자면 우리 연구소에서의 운동도 재미가 없다. 고급 헬스 클럽에서 걷는 것을 기대하면 안 된다. 사우나도 없고 수건 서비스도 없다. 때로는 기구에 대한 선택권도 제한된다. 그냥 당신을 러닝 머신 위에 세워둔 뒤 온도가 조절되는 조용한 방에서 아무것도 없는 벽을 응시하며 혼자 운동하게 한다. 그렇게 30분만 운동을 해보라! 운동하는 내내 그 운동이 얼마나 지루한지 의식하지 않기 위해 애를 써야 할 것이다. "시간이 얼마나 남았나요?", "5분밖에 안 지났다고요?"라고 말하는 순간 더 이상 신체적인 운동에 머무른 것이 아니라 정신적인 운동까지 하는 셈이다. 즉, 지루한 시간 동안 당신은 두 가지를 동시에 단련한다. 몸을 움직이면서 정신, 더 구체적으로 억제 조절력도 훈련하는 것이다. 결국에는 체력과 정신력이 모두 강해질 것이다. 지루함을 억누르기 위해 보낸 시간을 생각해보라. 이제 당신은 억제의 신이다.

"그럼 너무 좋은 거 아닌가?"라고 당신은 말할 수도 있다. 그러나 불행히도 두뇌 실행기능의 세 가지 하위요소 중 하나만을 향상시켰을 뿐이다. 집약적이고 제한적으로 운동했기 때문에 인지적 유연성은 전혀 사용하지 못했다. 만약 자폐증이 있다면 집중력보다는 인지적 유연성이 더 필요하기에 훈련 결과에 특히 만족하지 못할 수도 있다.[25] 우리 연구소 연구진과 기타 연구진들은 인지적 유연성을 높이기 위한 방법을 찾아보았고 이에 러닝 머신 위에서 운동하는 것보다 여러 가지 운동을 돌아가면서 잠깐씩 하는 순환식 훈련법이 도움이 된다는 사실을 발견했다.[26] 탁구와[27] 농구도[28] 효과가 좋았다. 이것은 자폐증 환자에게만 적용되는 운동법이 아니다. 창의력을 높이고자 하는 이들 모두가 활용할 수 있는 운동법이다.

잠자는 창의력을 깨우는 법

〔┠─┨〕 　　　사고력은 집중력만 있다고 좋아지는 것이 아니다. 창의력도 그만큼 높아야 한다. 창의력이 있을 때 우리는 틀에서 벗어난 생각을 하고 참신하면서도 적절한 아이디어를 만든다. 여기에 가장 적합한 뇌 네트워크는 어떤 것일까? 맞다. 앞서 이야기한 '마음의 배회' 상태를 만드는 디폴트 모드 네트워크다.

나는 때로 일정이 꼬여 골머리를 앓을 때, 기발한 방법으로 해결하고 "해냈다! 역시 나는 최고의 엄마야!"라고 외친다. 이와 같은 자잘한 일상의 창조적 승리보다 대대적인 창조적 승리는 우리 주변에서 더 찾기 쉽다. 세계적인 선수의 뛰어난 경기가 바로 그것이다. 우리는 모두 "브라보!"라며 환호를 보내고 승리를 훨씬 극적이고 화려하게 맞이한다. 그러므로 운동과 창의력에 대한 연구의 대부분이 일상생활이 아니라 스포츠에 집중되어 있는 것은 어찌 보면 당연한 일이다. 아마 여기 7장은 이 책의 '스포츠 면'이 될 것이다. 이 모든 결과는 경기장 밖에 있는 당신의 삶을 향상시키는 데 적용할 수 있기에 비록 스포츠 이야기를 한다고 해서 외면하지 말기를 바란다.

내가 가장 좋아하는 운동선수는 역사상 최고의 아이스하키 선수라고 불리는 웨인 그레츠키(Wayne Gretzky)다. 그는 한때 선수 생활을 이어갈 수 없는 처지에 놓인 적이 있었다. 왜 그랬을까? 그레츠키가 활동하던 시절, 아이스하키는 현재보다 훨씬 공격적인 플레이를 했기에 체구가 크지 않으면 선수 생활을 이어나가기 힘들었기 때문이다. 이러한 상황에서 살아남기 위해 그는 기존의 틀에서 벗어나는 완전히 새로운 플레이를 구사했다. 창의적이고 예측할 수 없는 움직임으로 하키 역사에서 내로라하는 다른 선수들보다 1,000점가량을 더 득점하며 수많은 게임을 승리로 이끌었다. 공격성보다 기술로 승부한 것이다. 그레츠키를 위대하게 만든 것은 창의력이었다.

혹시 당신의 창의력이 어느 정도인지 궁금하지 않은가? 용도 찾기 테스트(Alternative Uses Test)*를 활용하라. 이 테스트는 얼마나 색다르게 생각할 수 있는지를 평가하는 것으로, 특정 물건의 용도를 제한 시간 내에 할 수 있는 한 다양하게 떠올리면 된다. 자, 타이머를 3분으로 맞추고 클립의 용도를 나열해보자. 이제 당신의 답변을 세어보라. 연구에 따르면 사람들의 답변은 1~26개로 다양했지만 평균적으로 10개였다.[29]

창의력이 뛰어난 사람으로 보통 예술가와 과학자를 꼽지만[30] 운동선수도 이들 못지않게 창의력이 뛰어나다. 다양한 종목의 세계적인 운동선수 208명을 대상으로 창의력을 진단한 연구를 살펴보자.[31] 연

---

* 1967년 심리학자 길포드(J. P. Guilford)가 설계한 창의력 테스트로 벽돌이나 신발, 클립과 같은 물체에 대해 가능한 한 많은 용도를 생각해 답하면 된다.

구는 선수들에게 창의력과 관련된 여러 종류의 과제를 제공한 후 다음의 세 가지 방식으로 결과를 측정했다.

1 **창의적 능숙도**: 만들어진 아이디어의 총 개수로 평가했다.
2 **독창성**: 독특한 아이디어의 개수로 평가했다.
3 **유연성**: 색다른 범주에 속한 아이디어의 개수로 평가했다.

모든 지표에서 가장 높은 점수를 받은 이들은 가장 숙련된, 즉 세계 랭킹에서 상위권에 있는 선수들이었다. 창의력과 스포츠 성과가 직접적인 관계가 있음을 보여준다. 그렇다면 어떤 종목의 선수가 가장 창의적이었을까? 놀랍게도 예술적인 스포츠가 아닌 배구, 배드민턴 등 네트 스포츠와 레슬링, 유도 등 투기 스포츠 선수들이었다.

창의력은 몸을 훈련하는 방법에 따라 달라진다. 피겨 스케이팅, 체조, 싱크로나이즈드 스위밍 등 예술 스포츠의 훈련은 일련의 단계를 암기하고 숙달하는 데 치중한다. 이런 단계를 고안하는 일은 창의적인 과제이겠지만 훈련은 이미 정해진 것으로 예측 가능하며 계획적이다. 이는 뇌의 억제 조절력만을 집중적으로 강화하는지라 인지적 유연성은 감소한다. 반면 네트 스포츠와 투기 스포츠 선수들은 시시각각 변화하는 상대의 동작에 본능적으로 반응하는 법을 배운다. 이때 그들은 몸만 훈련을 받는 것이 아니라 그들의 뇌도 즉흥적이고, 예측하기 어려우며, 비연속적인 훈련을 받게 된다. 즉 인지적 유연성이 증가하는 것이다.

당신은 "음, 선수가 아닌 사람은 어떻게 하죠?"라고 물을 것이다. 다행히 올림픽 선수가 아니어도 운동으로 창의력을 기를 수 있다. 아래는 강도가 훨씬 약해 누구나 따라 할 수 있는 운동법이다.

- 원하는 속도로 약 10분 동안 걷는다.[32]
- 20분 동안 하타 요가(hatha yoga)*를 한다.[33]
- 30분 동안 조깅, 수영, 자전거, 계단 오르기를 한다.[34]

교차 훈련으로 창의력을 극대화하라

어떤 운동에 끌리든 한 가지 활동에 지나치게 많은 시간을 할애하지 않도록 주의한다. 그렇지 않으면 의도치 않게 훈련이 절망과 우울로 이어질 수 있기 때문이다. 물론 어떤 것이든 숙련되기 위해서는 집중적인 연습이 필요하다. 하지만 언제나 정도가 지나치면 독이 되는 법이다. 판에 박힌 훈련을 반복하다 보면 슬럼프에 빠질 수 있다. 운동 신경이 뛰어난 사람이나 세계적인 선수도 예외는 아니다. 한 종목만 훈련하는 선수는 하나 이상을 훈련하는 선수(다른 스포츠를 재미로 하는 경우도 포함된다)보다 창의력이 떨어진다.[35]

심지어 한 가지에만 과도하게 집중할 경우 무주의 맹시(inattentional blindness) 현상이 일어난다. 이는 시야에 있지만 간과해버리는 인지적 착각의 일종이다. 농구 게임 영상 중간에 춤추는 고릴라를 등장하게 했던 '보이지 않는 고릴라' 실험은 무주의 맹시를 가장 잘 보여준다.[36]

- 산스크리트어로 태양(Ha)과 달(Tha)을 합쳐놓은 것으로 음양을 조화롭게 만들어주는 현존하는 요가 스타일의 뿌리다. 신체를 단련해 정신까지 수련하는 것이 목표다.

당신을 참가자라고 가정해보자. 당신은 여섯 명의 농구 선수가 나오는 영상을 보면서 패스 횟수를 세는 과제를 받는다. 여섯 명의 선수는 세 명으로 나뉘어 두 개의 팀을 이루고 있다. 두 팀은 각각 농구공을 하나씩 갖고 있고 자기 팀 선수에게만 패스한다. 당신은 다른 팀 선수들의 패스는 무시하고 연구진이 지목한 팀의 패스 횟수만 세면 된다. 쉬울 것 같은가? 규칙 없이 서 있는 여섯 명의 선수 사이 교차하는 공을 헤아리는 것은 꽤 어려운 일이다.

연구원은 재생 버튼을 눌러서 영상을 보여주고 당신은 강한 억제 조절력을 발휘해 패스를 센다. 그리고 영상이 끝나자마자 외친다. "열일곱 번!" 정답이다! 그런데 연구진은 "혹시 고릴라는 보셨나요?"라고 묻는다. "고릴라요? 농담이죠?"라고 말하며 혼란에 빠진 당신은 영상을 다시 재생한다. 놀랍게도 정말 고릴라가 있고 심지어 패스하는 사람들 사이에서 춤까지 춘다. 이렇게 눈에 띄는 장면을 놓쳤다는 것이 믿어지지 않는다. 하지만 걱정 말라. 당신만 그런 것이 아니다. 영상을 본 사람 중 절반이 고릴라를 보지 못했다.

보이지 않는 고릴라 실험은 뇌 구조상 멀티태스킹이 원론적으로 불가능하다는 것을 설명하는 근거로 활용된다. 뇌는 작업 기억의 용량 제한으로 인해 한 번에 하나의 일만을 처리할 수 있다. 이 때문에 두 가지 일이 동시에 관심을 끌 때 당신은 선택의 기로에 선다. 이를테면 당신이 농구 선수이고 경기 도중 코치가 당신에게 지시하는 상황을 가정해보자. 코치는 "수비수가 다가오면 개인기로 제치고, 그게 아니면 바로 슛을 해"라고 작전을 전달한다. 당신은 기회가 왔을 때 코치의 지시대로 슛을 하지만 안타깝게도 들어가지 않는다. 승부를 되돌릴 수 있는 절호의 기회를 날려서 당신의 팀은 게임에서 지고 만다. 화가 난 팀원들은 "왜 에반스에게 패스하지 않았어?"라고 당신에게 따진다. 에반스는 수비수가 없는 좋은 위치에 있었다. 하지만 당신은 코치의 지시에 집중하는 데 정신이 팔려 그를 보지 못했다. 대부분의 선수들이 그렇다. 구체적인 코칭을 받았을 때는 빈 공간에 있는 동료를 발견하지 못한다.[37] 뇌가 지시로 가득하면 위대한 발견으로 이어질 수 있는 아이디어가 생길 공간이 없는 것이다.

이 상황을 직장이나 집에 적용해보자. 어떤 사람이 당신에게 과제를 구체적으로 지시한 뒤, 이를 완벽하게 이행하는지 가까이에서 지켜보는 상황 말이다. 당신은 분명 실수를 저지를 것이다. 뇌가 지시와 불안으로 가득할 때는 원활하게 생각하기 힘들기 때문이다. 결과를 신경 쓰지 않고 창의적으로 과제에 임할 기회가 있어야 한다. 그래야 진정한 혁신이 일어난다.

아이들을 뛰놀게 내버려두라

은퇴 후 지도자로 전향한 그레츠키는 득점이 사상 최저치를 기록하고 있는 캐나다 아이스하키의 문제점을 과도한 코칭으로 꼽는다. 그는 친구들과 함께 얼어붙은 연못에서 퍽을 던지며 게임을 했던 어린 시절을 떠올리며 요즘 아이들은 그렇게 하지 못할 것이라고 단언한다. 요즘 아이들은 마치 온실 속의 화초처럼 모든 것이 엄격하게 통제되는 환경에서 자라기 때문에 준비되지 않은 상황을 마주했을 때 어떻게 해야 할지를 모른다는 것이다. 그레츠키는 캐나다의 전통 스포츠인 로드 하키의 활성화를 대안으로 꼽는다. 로드 하키는 야외에서 인라인이나 롤러스케이트를 타고 하는 것으로 코치도 부모도 함께하지 않는다. 그저 스틱을 든 아이들과 네트, 픽이 있을 뿐이다. 그런데 캐나다 최대의 도시 토론토는 로드 하키를 금지하려고 했었다. 거리에서 경기를 하다가 적발되면 아이들에게 벌금을 부과하겠다고 위협까지 했었다. 다행히 이 결정은 번복되었다.

아이들이 1~5세 때 자유롭게 놀았던 시간과 성인이 되었을 때 창의력 사이에는 직접적인 연관성이 있다. 하키라는 영역뿐 아니라 인생 전체에서 말이다. 100명가량의 성인을 대상으로 창의력을 측정한 뒤, 어린 시절에 했던 신체 활동의 종류와 시간에 대해 질문한 연구를 살펴보자. 참고로 이때 신체 활동은 조직적인 스포츠와 체계가 없는 자유 놀이를 모두 포함했다.[38] 연구 결과는 어릴 때 했던 조직적인 활동과 비조직적인 활동의 비율로 성인기의 창의력을 예측할 수 있다는 점을 나타냈다.

- 창의력이 낮은 이들은 어렸을 때 조직적인 스포츠와 자유 놀이를 7:3의 비율로 했다.
- 창의력이 높은 이들은 어렸을 때 조직적인 스포츠와 자유 놀이를 5:5의 비율로 했다.

다시 말해 창의력이 높은 아이로 키우기 위해서는 일주일에 2시간 이상을 자유롭게 놀도록 내버려두어야 한다. 아이는 자유롭게 놀 때 엉뚱하고 새로운 방법을 고안해내고, 성공할 때까지 기꺼이 시행착오를 겪는다. 아이들뿐 아니라 모두가 그렇게 창의력을 배운다. 그렇게 크고 작은 실패가 쌓여야 거대한 변화를 만든다.

집중력과 창의력, 두 마리 토끼 잡기

🏋 과연 운동으로 집중력과 창의력을 동시에 향상시킬 수 있을까? 그렇다. 다만 훈련에는 예측 불가능성, 교차 훈련, 놀이가 포함되어야 한다. 운동을 막 시작하는 사람은 단순한 운동만으로 집중력과 창의력을 전부 얻을 수 있다. 하지만 이미 어느 정도 운동을 해온 사람이라면 운동에 변화를 주어야 한다.

어떻게 해야 할지 잘 모르겠다면 이 장 마지막에 있는 '집중력과 창의력을 두 배로 높이는 하루 10분 트레이닝'을 참고하라. 유산소 운동만 하고 있다면 근력 운동을, 근력 운동만 하고 있다면 유산소 운동을 추가하라. 현재의 운동 계획에 의외의 요소를 넣어 새로움을 더하라. 야외에서 운동하거나 익숙하지 않은 길로 가는 것도 좋은 방법이다. 새로운 운동 종목에 도전하거나 오직 재미를 위해 친구들과 함께 운동하는 것도 좋다. 핵심은 당신에게 가장 놀이처럼 느껴지는 운동 방식을 찾는 것이다. 이는 당신을 몰입으로 데려다줄 것이다.

몰입과 운동의 상관관계

몰입은 눈앞의 과제에 완전히 몰두해 신체와 정신을 극한까지 밀어붙이는 상태를 말한다. 이 상태에 빠지면 힘을 들이지 않고도 거의 초인적인 능력을 발휘할 수 있다.[39] 천재성이 온전히 드러나는 순간으로, 뇌가 집중력(작업 모드)과 창의력(휴가 모드)을 동시에 발휘할 때 발생한다.[40] 작업 모드와 휴가 모드를 넘나드는 데는 뇌력이 필요한

데, 교차 훈련은 뇌력을 절약해준다. 그 과정은 다음과 같다.

1 적절한 난이도의 교차 훈련을 하면 뇌가 항상성을 유지하고자
   하는 컴포트존에서 탈출한다. 노르아드레날린*이 전전두피질에
   스며들어 집중력을 강화하고[41] 작업 모드가 쉽게 가동되어 뇌력
   을 아낄 수 있다.

2 높아진 각성도와 집중력으로 일이 잘되자 기분이 좋아진다. 이
   때 도파민이 디폴트 모드 네트워크를 활성화시키지만 현재 당신
   에게 일이나 과제보다 흥미로운 일은 없다.[42] 때문에 애쓰지 않
   아도 실행 제어 네트워크 상태를 유지할 수 있고, 작업 모드가
   휴가 모드를 억제하는 데 필요한 에너지가 줄어들어 뇌력을 한
   층 더 아낄 수 있다.

3 업무 효율이 크게 올라 일이 믿기 힘들 정도로 잘된다. 작업 모
   드와 휴식 모드가 경쟁하는 대신 협력하기 때문이다.[43] 작업 기
   억에서도 지식, 기술, 경험의 목록에 완전히 접근할 수 있어 뇌
   력이 더더욱 절약된다.

몰입은 인간이 할 수 있는 궁극의 경험이다. 그곳에 이르기 위해서
는 고된 여정을 거쳐야 한다. 최고의 자리에 있는 사람은 몰입의 경
지에 도달하기 위해 무엇이 필요한지 알고 있다. 반면 당신은 최고의
자리에 있는 사람이 그저 위대한 재능을 타고났다고 생각한다. 세계

• 공포나 불안에 의해 뇌 속이 '투쟁-도피' 상황이 되었을 때 분비된다. 이때 주의집중력
   과 각성도가 오른다. 참고로 아드레날린은 승부물질로 불리며 흥분과 분노 상황에서
   분비된다. 이때는 순간적으로 신체 기능이 증진된다.

적인 선수들이 특별한 신체 조건을 타고난 것은 사실이지만 그것만으로 위대해질 수는 없다. 물론 마이클 펠프스의 320센티미터나 되는 발은 소형 오리발 역할을 훌륭하게 해낸다. 하지만 그릿이 아니었다면 그는 역사상 가장 많은 메달을 획득한 올림픽 선수가 아닌, 유난히 키가 크고 발이 크며 발목이 유연한 보통 사람에 머물렀을 것이다.

그릿(grit)이란 자신이 정한 목표를 포기하지 않고 이루어내는 열정적 끈기를 말한다." 그릿이 있는 사람은 일을 반드시 해내는 성실함을 지닌 것은 물론, 어떠한 난관에도 굴하지 않고 목표를 좇는다. 그뿐만 아니라 회복탄력성, 열정, 목적의식, 자신감 등 여러 정신적 자산에 바탕해 스스로를 성공으로 이끈다.

그릿을 기르려면

1만 시간의 법칙에 대해 들어본 적이 있는가? 말콤 글래드웰(Malcom Gladwell) 덕분에 많은 사람들에게 알려진 이 법칙에 따르면 어떤 복잡한 과제를 숙달하는 데에는 1만 시간이 필요하다고 한다. 간단히 계산해보면 일주일에 약 20시간씩 10년 동안이면 1만 시간이 된다. "이렇게나 많은 시간이 필요하다고요?"라고 당신은 말할지도 모른다. 절망하기엔 이르다. 다행히 1만 시간의 법칙은 사실이 아니다. 얼마만큼의 시간이 필요한지는 훈련 방법에 따라 좌우되기 때문이다.

『나는 4시간만 일한다』(다른상상, 2017)의 저자이자 능률 전문가인 팀 페리스(Timothy Ferris)는 무엇이든 1년 이내에 숙달할 수 있다고 말한다. 그는 두뇌의 학습 능력을 최대로 사용하는 방법을 이미 알고 있는 것 같다. 1만 시간 법칙에서는 노력만 강조했지 훈련 방법을 명시하지 않았는데, 실제로 가장 중요한 것은 훈련법이다.

중거리 육상 선수를 예로 들어보자. 그들은 800~3,000미터를 뛰는데 이 거리는 훈련하기가 매우 까다롭다. 단거리보다는 길고 마라톤보다는 짧기에 좋은 성적을 내기 위해서는 인내심과 빠른 속도를 모두 갖추어야 하기 때문이다. 그렇다면 훈련량을 늘리면 인내심과 빠른 속도를 얻을 수 있을까? 좋은 성적을 내는 중거리 선수들은 성적이 좋지 않은 선수들보다 월등히 많은 시간 동안 훈련할까? 양보다 질이라고 그들은 근력 운동과 기술 훈련에 많은 시간을 투자한다.[45] 오래 훈련하는 게 아니라 똑똑하게 훈련하는 것이다.

물론 당신이 세계적인 운동선수처럼 몸을 만들고 싶어 하는 것이 아니라는 걸 나도 안다. 그저 좀 더 건강해지고 싶을 뿐일 것이다. 그것도 분명 가치 있는 목표이고 다행히 여기에도 1만 시간 법칙은 해당되지 않는다. 계획적인 연습을 하면 어떤 목표에든 1만 시간보다 더 빨리 도달할 수 있다.[46] 유일한 단점은 계획적인 연습이 일반적인 연습보다 더 많은 뇌력을 필요로 한다는 사실이다. 우리는 교차 훈련을 통해 그런 뇌력을 키워두어서 다행이지 않은가! 작업 기억력, 억제 조절력, 인지적 유연성이 최대한으로 필요해지는 때를 대비하라. 그릿에는 두뇌의 모든 실행기능이 필요하기 때문이다.

이쯤이면 눈치챘는지 모르겠다. 그렇다. 운동과 그릿 사이에는 선순환이 발생한다. 운동은 실행기능을 강화하고 실행기능은 그릿을 만들어 우리를 다시 체육관으로 데려간다. 여기서 가장 활약하는 실행기능은 억제 조절력이다. 억제 조절력은 자기통제력을 높여 새로운 운동을 시작했을 때 처음 몇 개월을 버티게 도와준다.

이는 건강 관련 목표를 달성하는 데 자기통제력이 얼마나 중요한지 살펴본 연구를 통해 입증되었다. 연구진은 다이어트를 하고자 하는 이들을 모집했다. 12주 다이어트 프로그램을 제공하는 이 실험에는 18~60세까지의 다양한 연령대가 지원했으며 총 86명이 선발되었다.[47] 이들은 대부분 여성이었고 모두 체중을 감량하겠다는 의지가 충분했다. 연구진은 다이어트 프로그램에 따라 참가자들의 식단과 운동을 관리했으며, 참가자들은 일주일에 한 번 모두 모여 앞으로의 다이어트 방향을 점검하는 회의도 했다. 실험이 끝나고 체중을 가장 많이 감량한 이들을 살펴보니 그들은 모두 자기통제력이 높았다. 회의에 적극적으로 참여했으며, 섭취한 열량은 다른 사람들보다 적었으며, 운동은 다른 사람들보다 많이 했다. 이 프로그램은 단 12주였지만 자기통제력이 높은 사람들은 여기서 얻은 성과를 바탕으로 앞으로 남은 다이어트에서 유리한 고지를 선점할 수 있었다.

마의 '1년 벽'을 넘는 법

65~75세 여성을 대상으로 진행한 최근 연구에 따르면, 건강을 챙기는 능력도 훈련을 통해 키워진다. 건강을 챙기는 능력은 다름 아닌 계속하는 힘이다. 당시 실험에 참여한 이들의 실행 기능은 노화로 인해 낮은 수준이었다.[48] 실험은 1부와 2부로 나뉘어 진행되었다. 1부에서는 전문 트레이너의 지도를 받으며 1년 동안 운

동했고, 1부가 끝난 뒤 2부에서는 혼자서 1년 동안 운동할 것을 권고 받아 운동했다. 1부를 진행하는 동안 참가자들은 일주일에 한두 번 체육관으로 와 전문 트레이너의 감독하에 60분 동안 운동했다. 운동의 종류는 그룹마다 달랐다.

1 근력 운동 그룹은 덤벨, 밴드 등을 이용해 강도 높은 저항 운동을 했다. 운동은 매달 더 어려워졌고, 1년 후 이 그룹의 사람들은 신체적·정신적으로 강해졌다.
2 통제 그룹은 스트레칭을 하고 미용 체조를 했다. 시간이 지나도 운동 강도에는 변화가 없었고, 1년 후 이 그룹의 사람들은 신체적·정신적인 개선이 보이지 않았다.

1부를 이렇게 마친 참가자들은 2부에서 감독 없이 1년 동안 운동해야 했다.[49] 이들은 혼자 운동을 계속하라는 권고에도 불구하고 대부분이 연구가 끝난 직후 바로 운동을 중단했다. 혼자 운동하는 것이 얼마나 어려운지를 보여주는 전형적인 상황이다. 다만 소냐는 달랐다. 근력 운동 그룹의 참가자였던 소냐의 실행기능은 1부가 끝난 후 상당히 개선되었고 이로 인해 2부에서도 그녀는 운동을 지속했고, 1년이 지난 뒤에도 여전히 운동을 하고 있었다.

세상에 그만둘 계획을 하고 운동을 시작하는 사람은 없다. 하지만 운동을 시작한 사람 중 40퍼센트는 3개월을 넘기지 못하는 것이 현실이다.[50] 여기에 돈도, 장비도 없이 운동을 계속해나가는 방법을 소개하고자 한다. 마음만 먹으면 실천할 수 있는 것이다. 그것은 바로 목표에 집착하지 않는 것이다. "그릿을 발휘하려면 목표를 절대 놓치지 말라고 하지 않았나요?"라고 당신은 의아해할 것이다. 그러나 운동을 시작한 지 얼마 되지 않은 시점에 목표에 지나치게 집중하는 것은 오히려 독이다. 내 수준에 맞는 적당한 목표는 당신을 소파에서 일어나 움직이게 하지만, 지나친 목표는 중도 하차하기 쉽게 만든다.

목표 중심의 사고방식이 만드는 부작용을 입증한 다음의 연구를 살펴보자. 두 친구 지나와 엘리스는 이 연구에 참여해 각기 다른 그룹에 배정되었다.[51]

지나는 목표 그룹에 배정되었고 연구원은 "당신의 운동 목표는 무엇이죠?"라고 물었다. 지나는 "살을 빼는 거예요"라고 답했다. 그리고 지나는 운동하는 동안 목표에 집중하라는 지시를 받았다. 다시 연구원은 "오늘 얼마나 뛸 계획인가요?"라고 물었다. 지나는 "45분이요"라고 대답한 뒤 러닝 머신으로 올라갔다. 30분 후 지나는 러닝 머신에서 내려오면서 짜증을 냈다. "오늘은 컨디션이 너무 별로네요!" 지나가 운동한 시간은 계획보다 15분 짧은 시간이었다.

반면 엘리스는 경험 그룹에 배정되었고 연구원은 "어떤 운동을 할 계획이죠?"라고 물었다. 엘리스는 "우선 스트레칭을 할 거고, 그다음에는 러닝 머신 위에서 뛸 거예요"라고 대답했다. 그리고 엘리스는 운동하는 동안 경험에 집중하라는 지시를 받았다. 다시 연구원은 "오늘 얼마나 뛸 계획인가요?"라고 물었다 엘리스는 "30분이요"라고 대답한 뒤 운동을 시작했다. 45분 후 엘리스는 러닝 머신에서 내려오면서 말했다. "오늘은 컨디션이 정말 끝내주네요!" 엘리스가 운동한 시간은 계획보다 15분 긴 시간이었다.

그다음 6주 동안 이들은 함께 운동했다.[52] 목표에 집중했던 지나는 운동 계획 중 4분의 1을 달성하지 못했다. 반면 경험에 집중했던 엘리스가 운동 계획을 달성하지 못한 날은 하루뿐이었다. 그리고 6주가 끝났을 때 지나는 운동을 싫어하게 되었고 엘리스는 여전히 좋아했다. 실험이 끝난 뒤에도 엘리스는 6개월 동안 운동을 계속했다. 반면 지나는 체육관에서 보내는 시간이 점점 줄어들어 결국에는 운동을 그만두고 말았다. 지나에게 무슨 일이 일어났던 것일까? 지나는 목표에 지나치게 집중해서 경험을 즐기지 못했고, 그 결과 운동을 지속할 수 없었던 것이다.

목표 중심의 사고방식이 이 정도로 악영향을 미치리라고는 나도 짐작하지 못했다. 하지만 이는 분명한 사실이다. 운동은 대개 우리가 휴가 모드일 때 이루어지고 내재적인 만족감을 제공하는 반면, 목표는 작업 모드의 지배를 받으며 외재적인 만족감을 제공한다. 이로 인해 목표에 지나치게 치중하며 운동하면 작업 모드와 휴가 모드 간에 긴장이 발생해 정신이 피로해진다.

만약 지나가 외재적 동기인 목표가 아니라 내재적 동기인 경험에 집중했다면, 운동이 힘들지 않고 즐거웠을 것이다.[53] 그뿐만 아니라 운동의 경험에 오롯이 집중하면 끝까지 해보고 싶은 마음이 들어 몰입에 이르게 된다.

"성공은 목적지에 도달하는 것이 아니라 당신이 걸어온 여정 그 자체다. 결과보다 경험이 더 중요하다"라는 전설적인 테니스 선수 아서 애시의 명언은 내재적 동기의 중요성을 설명한다. 운동에 대한 이러한 접근법에서 내가 정말 좋아하는 부분은 긍정적인 효과를 얻기 위해 모든 경험이 긍정적일 필요는 없다는 사실이다. 그렇다면 목표를 아예 없애는 게 좋을까? 그렇지는 않다. 목표를 유지해야 작업 모드와 휴가 모드의 장점을 모두 얻을 수 있다. 운동할 때는 경험에 집중하되 그렇지 않을 때는 목표에 집중하라. 분명 삶이 훨씬 풍요로워질 것이다.

고통은 우리를 강하게 만든다

삶이 원활하게 흘러가는 시기라면 고통은 별게 아니다. 쉽게 이겨낼 수 있다. 그러나 어려운 상황일 때는 작은 고통 하나도 너무나 버겁다. 이때 당신에게 필요한 것은 의미다. 열정과 목적이 힘을 발휘할 때인 것이다. '의미'가 목표를 넘어설 때 사람은 더욱 강해진다.

테리 폭스(Terry Fox)는 암으로 인해 다리를 잃었지만, 다행히 목숨을 건질 수 있었다. 그는 생명이란 엄청난 선물을 다른 암 환자들에게도 나누어주고 싶었다. 암 환자들의 치료비 지원을 위한 100만 달러 모금 활동을 하기로 결심했고, 그 방법으로 캐나다 전국을 마라톤으로 횡단하기로 했다. 그에게는 다리가 없는 사람도 인생을 충분히 즐기며 살 수 있음을 증명하겠다는 목표도 있었다. 그는 '희망의 마라톤'을 시작한 뒤 143일 동안 거의 매일 공식 마라톤 경기의 거리인 42.195킬로미터만큼을 달렸다.

어떻게 이토록 놀라운 성취를 거둘 수 있었냐는 질문에 그는 겸손하게 답했다. "분명 힘들었습니다. 하지만 그 일은 저와 다른 암 환자들을 위해 제가 이루고 싶었던 유일한 것이었습니다." 테리 폭스는 더 이상 우리 곁에 없지만 그가 행동으로 보여준 고귀한 투지는 여전히 여기 살아 숨 쉰다.

많은 캐나다인은 매년 '테리폭스런(Terry Fox Run)'이라는 달리기 행사에 참여한다. 이 행사는 학교 행사의 꽃이기도 해서 행사 몇 주 전부터 교사들은 아이들에게 테리의 인생과 업적을 소개하며 아이들을 동기부여한다. 내 딸도 학교에서 테리의 인생에 대해 배웠다. 테리폭스런을 왜 하는 것 같냐는 나의 질문에 딸은 "능동적인 삶의 태도와 인내심을 가지라는 가르침을 줘요"라고 답했다. 또한 그렉 스코트라는 자기 또래의 어린 암 환자가 테리 옆에서 자전거를 타고 같이 달렸다는 사실도 내게 알려주었다.

인생의 위기에서 나를 구하기까지

나는 인생의 힘겨운 변화를 운동으로 견뎠다. 불가능해 보였던 '철인3종 경기 완주'라는 목표를 코앞에 두었을 때였다. 2020년 3월이었고 경기까지는 5개월이 남아 있었다. 기나긴 터널 끝에서 빛이 보이는 듯했다. 그런데 갑자기 세상이 멈추었다. 코로나 팬데믹으로 체육관, 수영장, 학교 등 모든 곳이 문을 닫았다. 경기도 취소될 가능성이 컸다. 이런 상태로 얼마나 더 살아야 할지 아무도 답하지 못했다.

불확실함 속에서 긴장감은 점점 커졌다. 스트레스 때문에 훈련하는 것이 거의 불가능할 정도였다. 그만두고 싶다는 생각이 시도 때도 없이 엄습했다. 하지만 운동을 그만두면 뇌가 병들기 시작한다는 것을 나는 잘 알고 있었다. 내게 필요한 것은 뇌의 배선을 바꾸는 일이었다.

나는 새로운 일을 시작했다. 팬데믹 시대의 사람들을 돕고자 운동으로 정신 건강을 유지하는 방법에 대한 칼럼을 썼다. 또한 1,600명이 넘는 사람들을 대상으로 설문조사를 실시해 팬데믹이 사람들에게 미치는 영향을 분석했다.[54] 결과는 충격적이었다. 팬데믹은 사람들을 불안하고 우울하며 산만하게 만들었다. 건강한 정신을 유지하기 위해 운동하려 해도 스트레스와 불안감 때문에 금세 실패했다. 평소 활동적이었던 사람들은 팬데믹 시대에 잘 대처했지만, 그렇지 못한 이들의 삶의 질은 전에 없이 낮아졌다(우리는 사람들이 활동성을 유지하도록 도와주는 팸플릿을 만들었고 neurofitlab.com에서 무료로 다운로드받을 수 있다).

나는 훈련을 계속했지만 도무지 집중할 수 없었다. 얼마 지나지 않아 공식적으로 경기 취소가 발표되었다. 이제 어떻게 하지? 이 책은 어떻게 마무리해야 하지? 다음 공식 경기가 언제 열릴지 기약이 없었던 상황에서 경기 취소 때문에 목표를 달성할 수 없었다는 말로 이 책을 마무리하는 것은 내가 생각했던 결말과는 한참 거리가 멀다. 고민 끝에 철인3종 코스를 혼자 완주하기로 했다. 그뿐만 아니라 경기하면서 정신 건강을 위한 모금 운동도 진행하기로 결심했다. 테리 폭스처럼 말이다. 나의 목표는 똑같았지만 다른 이들을 돕는다고 생각하니 몸에 활기가 도는 게 느껴졌다.

마침내 홀로 철인경기를 하는 날이었다. 시작을 알리는 총소리를 듣고 나는 달렸다. 홀로 경기하는 것은 상상 이상으로 힘겨웠다. 하지만 나는 이 책을 읽는 독자들에게 운동이 우리를 구원한다는 것을 몸소 보여주고 싶어 최선을 다했다. 13시간 10분 흐른 뒤, 나는 결승선을 통과했다. 나를 인생의 위기에서 구하고자 시작했던 여정의 끝이었다. 운동은 몸을 튼튼하게 할 뿐만 아니라 어떠한 시련 앞에서도 꺾이지 않는 마음을 선물한다. 철인3종 경기는 내게 그 선물을 충분히 주었다. 이제 당신 차례다. 어떤 운동인지는 중요하지 않다. 핵심은 움직인다는 사실 그 자체다. 더 나은 삶을 위한 작은 발걸음이 당신을 구원할 것이다.

추신: 나도 새로운 운동을 시작할 계획이다. 하나의 여정이 끝났으니 새로운 여정을 시작하는 것이 인지상정 아니겠는가? 다음 운동은 철인경기보다는 쉬울 것 같다. 함께하지 않겠는가?

집중력과 창의력을 두 배로 높이는 하루 10분 트레이닝

- 난이도: 중급
- 뇌과학적 목표: 두뇌 네트워크에 활기를 불어넣기
- 마인드셋: 운동으로 집중력과 창의력을 기르자

월	화	수	목	금	토	일
달리기	집중력 상승 운동	고강도 인터벌 트레이닝	뇌신경 바로잡기 운동	자유 운동	창의력 상승 운동	휴식

◆ 집중력 상승 운동

5분간 천천히 걸으면서 몸을 푼 뒤, 1세트의 1~5번까지의 동작을 정해진 횟수만큼 반복한다. 그다음 30초간 휴식한 뒤 2세트의 1~5번까지의 동작을 정해진 횟수만큼 반복한다. 만약 운동이 쉽게 느껴지면 각 동작 횟수를 15회(시간일 경우 40초)로 늘리고 전체를 3회 반복한다.

1세트

순서	종류	횟수(시간)	참고
1	플랭크	30초	299쪽
2	우드차퍼	한쪽당 10회	291쪽
3	와이드 스쿼트	10회	290쪽
4	다리 흔들기	한 방향당 10회	263쪽
5	무릎 올려 제자리 뛰기	30초	271쪽
마무리	휴식	30초	-

2세트

순서	종류	횟수(시간)	참고
1	바이시클 크런치	한쪽당 10회	273쪽
2	데드리프트	10회	265쪽
3	팔 굽혀 펴기	10회	294쪽
4	리버스 플라이	10회	269쪽
5	마운틴 클라이머	30초	270쪽
마무리	휴식	30초	-

숙련자라면?

- 1세트의 1번 동작인 플랭크를 다리를 겹쳐 한다. 또는 발을 의자 등 높은 곳에 올리고 한다.
- 1세트의 2~3번 동작을 할 때 덤벨의 무게를 늘린다.
- 1세트의 4번 동작을 할 때 밴드를 사용해 저항을 늘린다.
- 2세트의 2번과 4번 동작을 할 때 덤벨의 무게를 늘린다.
- 2세트의 3번 동작인 팔 굽혀 펴기를 할 때 발을 의자 등 높은 곳에 올리고 한다.

◆ 고강도 인터벌 트레이닝

1. 편안한 걸음걸이로 천천히 5분간 걷는다.
2. 고강도와 저강도의 운동을 각각 1분씩 번갈아가며 10회 반복한다. 이때 운동의 종류는 달리기, 자전거 타기, 계단 오르기 등 다양할수록 좋다.
3. 만약 운동이 쉽게 느껴지면 속도를 높이거나 횟수를 15회로 늘린다.

◆ 창의력 상승 운동

5분간 천천히 걸으면서 몸을 푼 뒤, 1세트의 1~5번까지의 동작을 정해진 횟수만큼 반복한다. 그다음 30초간 휴식한 뒤 2세트의 1~5번까지의 동작을 정해진 횟수만큼 반복한다. 만약 운동이 쉽게 느껴지면 각 동작 횟수를 15회(시간일 경우 40초)로 늘리고 전체를 3회 반복한다.

1세트

순서	종류	횟수(시간)	참고
1	데드 벅	한쪽당 10회	264쪽
2	사이드 플랭크	한쪽당 30초	283쪽
3	스쿼트	10회	286쪽
4	변형 브릿지	한쪽당 10회	279쪽
5	스케이터	30초	285쪽
마무리	휴식	30초	-

2세트

순서	종류	횟수(시간)	참고
1	V 싯	30초	301쪽
2	런지	한쪽당 10회	268쪽
3	벤트오버 덤벨로우	10회	277쪽
4	숄더 프레스	10회	284쪽
5	팔 벌려 뛰기	30초	297쪽
마무리	휴식	30초	-

숙련자라면?

- 1세트의 2번 동작인 사이드 플랭크를 할 때 발을 의자 등 높은 곳에 올리고 한다.
- 1세트의 3번 동작인 스쿼트를 할 때 덤벨을 들어 와이드 스쿼트로 한다.
- 1세트의 4번 동작인 변형 브릿지를 할 때 한쪽 다리를 하늘 높이 든다.
- 2세트의 1번 동작인 V 싯을 할 때 팔을 귀 옆에 붙이고 한다.
- 2세트의 2~4번 동작을 할 때 덤벨의 무게를 늘린다.

하루 10분 트레이닝
동작 설명

고관절 열기

1 다리를 어깨너비로 벌리고 선다.

2 한쪽 무릎을 천천히 들어 올려 균형을 맞춘 뒤, 그대로 몸 바깥쪽으로 다리를 돌려 연다.

3 고관절에 자극이 충분히 올 때까지 버텼다가 천천히 무릎을 다시 가슴 중앙으로 가져온 후 다리를 바닥에 내려놓는다.

4 반대쪽도 같은 방법으로 한다.

골반 트위스트

1 다리를 어깨너비로 벌리고 선다.

2 손은 허리에 올리고 하체는 고정시킨 상태에서 상체를 바깥쪽으로 번갈아 돌린다.

3 이때 복부에 힘을 주면서 한다.

교차 슈퍼맨

1   바닥에 배를 대고 엎드린다.

2   복부에 힘을 주면서 오른쪽 팔과 왼쪽 다리를 교차해 바닥에서
    최대한 들어 올린다. 왼쪽 팔과 오른쪽 다리도 같은 방법으로 들
    어 올렸다가 내린다. 마치 수영을 하는 것처럼 움직여서 스위밍
    자세라고 불리기도 한다.

4   교차 슈퍼맨이 아닌 슈퍼맨 자세는 양팔과 양다리가 쭉 뽑힌다는
    느낌으로 동시에 들어 정해진 시간 동안 자세를 유지하면 된다.

교차 크런치

1 바닥에 등을 대고 눕는다.

2 무릎은 세우고 양손은 머리 뒤에 댄다.

3 복부에 힘을 주면서 가슴을 바닥에서 들어 올려 오른쪽 팔꿈치와 왼쪽 무릎이 닿도록 한다.

4 반대쪽도 같은 방법으로 번갈아 한다.

다리 교차시키기

1 다리를 어깨너비로 벌리고 양팔은 좌우로 뻗는다.

2 오른발을 어깨너비만큼 오른쪽으로 옮긴다. 그다음 왼발을 오른
발 뒤로 엇갈려 따라오게 움직인다.

3 이때 왼발 끝으로 바닥을 터치하면서 균형을 잡은 뒤 왼발을 다
시 시작 지점으로 옮긴다.

4 반대쪽도 같은 방법으로 번갈아 한다.

다리 흔들기

1 다리를 어깨너비로 벌리고 선다.

2 복부에 힘을 주면서 한쪽 다리를 앞으로 들어 올렸다가 제자리로 가져온다.

3 같은 방식으로 다리를 옆으로, 뒤로 번갈아가며 들어 올린다.

4 이때 허리와 무릎은 곧게 펴고 발등은 몸 쪽으로 당긴다.

데드 벅

1 바닥에 등을 대고 눕는다.

2 양팔과 양다리를 하늘을 향해 곧게 뻗는다.

3 한쪽 팔을 바닥으로 내리면서 동시에 반대쪽 다리를 바닥으로 내려준다. 반대쪽 팔과 다리도 동일하게 번갈아가며 한다.

4 이때 팔과 다리는 바닥에 닿기 직전에 멈추고 복부의 자극을 느끼며 한다.

데드리프트

1   다리를 어깨너비로 벌리고 덤벨도 어깨너비로 벌려 잡는다.

2   허리를 똑바로 세워 차렷 자세를 취하듯 가슴을 내밀고 엉덩이를
    뒤로 치켜든다.

3   무릎을 굽히고 허리를 앞으로 숙이면서 덤벨을 내린다. 이때 복
    부와 등은 긴장시킨다.

4   다시 덤벨을 등으로 끌어당기는 느낌으로 올리며 일어선다.

동키 킥

1 무릎과 손을 바닥에 대고 엎드린 자세를 취한다.

2 한쪽 다리를 등과 수평이 되도록 들어 올렸다가 천천히 시작 자
세로 돌아온다.

3 동작을 하는 동안 엉덩이에 긴장감을 느끼며 한다.

4 반대쪽도 같은 방법으로 한다.

래터럴 레이즈

1   어깨너비로 다리를 벌리고 덤벨을 든 양손은 손바닥이 몸을 향하
    게 해서 허벅지 앞에 위치시킨다.

2   팔꿈치를 살짝 구부린 상태에서 팔이 어깨와 평행이 될 때까지
    덤벨을 양옆으로 들어올린다.

3   저항을 느끼면서 천천히 덤벨을 허벅지 옆으로 내린다.

런지

1 다리를 어깨너비로 벌리고 선다.

2 오른발을 앞으로 한 발자국 앞에 내밀고 왼발의 뒤꿈치를 세운
다. 이때 시선은 정면을 향한다.

3 등과 허리를 똑바로 편 상태에서 오른쪽 무릎을 직각으로 구부리
고 왼쪽 무릎은 바닥에 닿는 느낌으로 몸을 내린다.

4 하체의 힘을 이용해 천천히 처음 자세로 돌아온다.

5 반대쪽도 같은 방법으로 한다.

리버스 플라이

1 다리를 어깨너비로 벌리고 무릎을 가볍게 굽힌다.

2 덤벨을 양손에 잡고 상체를 살짝 숙인다. 이때 등을 펴고 가슴은
내밀고 팔꿈치는 살짝 굽힌다.

3 덤벨을 쥔 양손을 양옆으로 들어 올렸다가 다시 손바닥이 서로를
향하게 내린다.

마운틴 클라이머

1 **플랭크** 자세로 준비한다.

2 이때 엉덩이가 위로 솟거나 떨어지지 않도록 평행을 유지한다.

3 한쪽 무릎을 복부로 당겼다가 제자리로 돌아가며, 이 동작을 반
   대쪽 무릎과 번갈아가며 한다.

무릎 올려 제자리 뛰기

1 다리를 어깨너비로 벌리고 선다.

2 팔은 앞으로 나란히 하듯 앞으로 뻗는다.

3 한쪽 무릎을 복부에 닿을 듯 당겼다가 제자리도 돌아가며, 이 동작을 반대쪽 무릎과 번갈아가며 한다.

4 자연스럽게 뛰는 듯한 동작이 되는데 이때 상체는 곧게 유지한다.

무릎 잡아당기기

1 다리를 어깨너비로 벌리고 선다.

2 한쪽 다리를 양손으로 잡아 복부로 강하게 잡아당긴다.

3 반대쪽도 같은 방법으로 한다.

바이시클 크런치

1 바닥에 등을 대고 눕는다.

2 양다리를 바닥에서 살짝 띄워 들고 양손은 머리 뒤에서 깍지를 낀다.

3 한쪽 무릎을 복부로 당기면서 동시에 반대쪽 팔꿈치가 무릎에 닿 듯이 상체를 비튼다.

4 이때 굽히지 않은 반대쪽 다리는 쭉 뻗은 자세를 유지한다.

5 굽힌 무릎을 제자리로 펴면서 동시에 반대쪽은 3번과 같은 자세 를 취한다. 이 동작을 번갈아가며 한다.

발꿈치 걷기

1   다리를 어깨너비로 벌리고 선다.

2   발뒤꿈치를 바닥에 대면서 걷는다

발끝 걷기

1   다리를 어깨너비로 벌리고 선다.

2   발끝을 바닥에 대면서 걷는다.

버드 독

1 무릎과 손바닥을 바닥에 대고 엎드린 자세를 취한다.

2 복부에 힘을 주면서 한쪽 손을 앞으로 뻗고 동시에 반대쪽 다리를 뒤로 뻗는다. 손에서 발까지 하나의 직선이 되도록 자세를 잡는다.

3 이때 엉덩이는 바닥에서 직각을 유지한다.

4 반대쪽도 같은 방법으로 한다.

벤트오버 덤벨로우

1 손등이 앞을 향하게 덤벨을 잡고, 양발을 어깨너비만큼 벌리고
   선다.

2 무릎을 약간 굽히고 등은 곧게 편 뒤 상체를 약간 숙인다.

3 복부에 힘을 주면서 손목을 돌려 손바닥이 서로 마주 보도록 하
   며 복부로 덤벨을 잡아당긴다.

4 이때 날갯죽지는 서로 닿듯이 수축시킨다.

5 천천히 덤벨을 내리며 등이 스트레칭되는 것을 느낀다.

변형 하늘자전거

1 바닥에 등을 대고 눕는다.

2 팔은 힘을 빼고 가볍게 몸통 옆에 놓는다.

3 양다리를 살짝 들었다가 한쪽 무릎을 복부로 당겼다가 뻗는다.
   동시에 반대쪽 무릎을 복부로 당겨온다.

4 복부에 힘을 주면서 동작을 번갈아가며 한다.

브릿지

1 바닥에 등을 대고 누운 상태에서 무릎을 세워 A자를 만든다. 이
  때 양팔은 가볍게 엉덩이 옆에 내려둔다.

2 숨을 내쉬면서 골반을 위로 들어올린다. 엉덩이의 긴장을 느끼면
  서 자세를 유지한다.

3 숨을 들이마시면서 골반을 바닥으로 내린다.

변형 브릿지

1 **브릿지** 준비 자세를 취한다.

2 한쪽 무릎만 펴서 앞으로 다리를 뻗으며 엉덩이를 살짝 들었다
  내린다.

3 반대쪽도 같은 방법으로 한다.

사이드 레그 레이즈

1 한손으로 머리를 받치고 옆으로 눕는다.

2 다른 손으로는 바닥을 짚으며 엉덩이가 비틀리지 않게 한다.

3 복부에 힘을 주면서 위에 있는 다리를 어깨 높이까지 들어 올린다.

4 이때 양다리는 곧게 펴고 발등은 몸 쪽으로 당긴다.

5 천천히 다리를 내렸다가 다시 올린다.

변형 사이드 레그 레이즈

1 사이드 레그 레이즈 준비 자세를 취한다.

2 위에 있는 다리를 굽혀 발바닥을 아래쪽 다리 뒤에 고정시킨다.

3 아래 다리를 어깨 높이까지 들어 올린다. 이때 아래쪽 다리는 곧
   게 펴고 발등은 몸 쪽으로 당긴다.

4 천천히 다리를 내렸다가 다시 올린다.

사이드 스텝

1   다리를 어깨너비로 벌리고 양팔은 양옆으로 곧게 뻗는다.

2   오른발을 오른쪽으로 어깨너비만큼 옮기고 곧바로 왼발을 오른
발 옆에 붙인다. 그다음 왼발을 왼쪽으로 옮기고 곧바로 오른발
을 왼발 옆에 붙여 모은다.

사이드 플랭크

1 무릎을 펴고 옆으로 눕는다.

2 팔꿈치를 바닥에 대고 반대쪽 손은 골반에 올리거나 엉덩이 옆에
  가볍게 놓는다.

3 복부에 힘을 주면서 엉덩이를 들어 올려 몸을 일직선으로 만든다.

4 방향을 바꾸어서도 한다.

변형 사이드 플랭크

1 무릎을 접어 옆으로 눕는다.

2 팔꿈치를 바닥에 대고 반대쪽 손은 골반에 올리거나 엉덩이 옆에
  가볍게 놓는다.

3 복부에 힘을 주면서 엉덩이를 들어 올려 몸을 일직선으로 만든다.

4 방향을 바꾸어서도 한다.

숄더 프레스

1 다리를 어깨너비로 벌리고 선다.

2 양손에 든 덤벨이 귀와 수평이 되고 팔꿈치가 직각이 되도록 위치시킨다.

3 덤벨을 귀에 닿는 느낌으로 머리 위로 들어 올린다.

4 덤벨의 무게를 느끼면서 천천히 제자리로 내린다.

5 **바이셉 컬** 동작을 추가해 할 수도 있다. 덤벨을 잡은 양손의 손바닥이 앞을 향하게 허벅지 위에 내려놓은 뒤 그대로 팔을 접어 덤벨을 들어 올린다. 덤벨을 잡은 양손의 손바닥이 다시 앞을 향하게 손목을 돌려 숄더 프레스 동작으로 연결한다.

스케이터

1 다리를 어깨너비로 벌리고 선다.

2 오른쪽으로 깡충 뛰면서 오른쪽 다리에만 체중을 싣는다. 동시에
  왼쪽다리는 뒤로 뻗는다.

3 반대쪽도 같은 방법으로 번갈아 한다.

4 이때 무릎은 살짝 구부린 상태를 유지하며 팔은 자연스럽게 양옆
  으로 움직인다.

스쿼트

1　다리를 어깨너비로 벌리고 선다.

2　허리를 꼿꼿이 세운 채 엉덩이를 뒤로 빼듯 무릎을 굽혀 앉는다.

3　이때 무릎은 발끝보다 앞으로 나가지 않도록 한다.

4　발바닥으로 바닥을 밀면서 올라온다.

5　팔은 앞으로 뻗어도 되고 가슴 앞에서 깍지를 껴도 된다. 힘이 들 경우 의자를 잡고 한다.

앉았다 일어서기

1   의자에 바르게 앉는다.

2   다리는 어깨너비로 벌리고 양손은 가볍게 무릎 위에 놓는다.

3   발바닥으로 바닥을 밀면서 일어선다.

4   이때 몸이 지나치게 앞으로 나가지 않도록 한다.

앞발 차기

1 다리를 어깨너비로 벌리고 선다.

2 오른팔을 앞으로 뻗고 오른쪽 다리가 오른손을 터치하듯 찬다.

3 반대쪽도 같은 방법으로 한다.

엉덩이 차며 제자리 달리기

1 다리를 어깨너비로 벌리고 선다.

2 오른발을 뒤로 들어 오른쪽 엉덩이를 차고 내린다.

3 양발을 번갈아가며 제자리에서 달리듯이 한다.

와이드 스쿼트

1 다리를 어깨너비보다 넓게 벌리고 선다. 이때 양발은 각각 45도
   밖을 향해 열어준다.

2 양손으로 덤벨을 잡고 허벅지 사이에 위치시킨다.

3 허리를 꼿꼿이 세운 채 엉덩이를 뒤로 빼듯 무릎을 굽혀 앉는다.

4 발바닥으로 바닥을 밀면서 올라온다.

우드차퍼

1 무게감이 있는 메디신볼이나 덤벨을 양손으로 잡는다.

2 한쪽 무릎은 바닥에 대고 반대쪽 무릎은 직각으로 세워서 발바닥
으로 바닥을 누른다.

3 복부에 힘을 주면서 양손을 왼쪽 엉덩이 옆에서 오른쪽 어깨 위
로 들어 올렸다가 내린다.

4 반대쪽도 같은 방법으로 한다.

원암 덤벨로우

1 한손으로 덤벨을 잡고 반대쪽 손과 무릎은 의자 위에 올리고 허리와 등을 곧게 편다.

2 고개를 들어 앞을 보며 덤벨을 잡은 팔을 최대한 아래로 늘어뜨린다.

3 덤벨을 옆구리 쪽으로 끌어올리며 등 근육의 수축을 느낀다.

4 등의 긴장을 유지하면서 천천히 덤벨을 내린다.

5 반대쪽도 같은 방법으로 한다.

캣 카우

1 무릎과 손을 바닥에 대고 엎드린 자세를 취한다.

2 손은 어깨 아래, 무릎은 엉덩이 아래에 위치하는지 확인한다.

3 꼬리뼈를 말면서 손바닥으로 어깨를 밀어내 등을 동그랗게 구부린다. 고개도 몸 안쪽으로 말아 시선이 무릎을 향하게 한다.

4 가슴을 내밀면서 허리를 바닥으로 끌어내린다. 고개는 앞으로 들고 시선도 정면을 향하게 한다.

5 3번과 4번 자세를 번갈아 한다.

팔 굽혀 펴기

1 엎드린 자세에서 양손은 어깨너비보다 살짝 넓게 바닥을 짚는다.

2 무릎을 펴고 발 끝으로 몸을 지지하면서 팔을 곧게 편다.

3 가슴을 바닥으로 내미는 느낌으로 팔꿈치를 구부려 바닥에 닿기
  직전까지 내린다.

4 손으로 바닥을 밀면서 몸을 들어 올린다.

변형 팔 굽혀 펴기

1 **팔 굽혀 펴기** 준비 자세를 취한다.

2 이때 무릎을 바닥에 댄다.

3 가슴을 바닥으로 내미는 느낌으로 팔꿈치를 구부려 바닥에 닿기 직전까지 내린다.

4 손으로 바닥을 밀면서 가슴을 들어 올린다.

5 변형 팔 굽혀 펴기도 힘들다면 서서 손으로 벽을 짚고 팔 굽혀 펴기를 해도 된다.

팔 돌리기(앞으로)

1 다리를 어깨너비로 벌리고 선다.

2 양팔을 양옆으로 쭉 뻗고 앞으로 원을 그리듯 돌린다.

팔 돌리기(뒤로)

1 다리를 어깨너비로 벌리고 선다.

2 양팔을 양옆으로 쭉 뻗고 뒤로 원을 그리듯 돌린다.

팔 벌려 뛰기

1   차렷 자세로 선다.

2   양팔을 양옆으로 올리면서 양발을 점프해 어깨너비만큼 벌린다.

3   차렷 자세로 돌아간다.

4   양발을 점프해 어깨너비보다 넓게 벌리면서 양손을 머리 위로 올려 박수를 친다.

5   다시 차렷 자세로 돌아가면서 동작을 반복한다.

좌: 교차 | 우: 상하

팔 흔들기(교차 방향)

1 다리를 어깨너비로 벌리고 선다.

2 양팔을 앞으로 나란히 하듯 쭉 뻗는다.

3 양팔을 양옆으로 활짝 벌렸다가 가슴 앞에서 교차시킨다.

팔 흔들기(상하 방향)

1 다리를 어깨너비로 벌리고 선다.

2 양팔을 머리 위로 쭉 뻗었다가 내린다.

플랭크

1 엎드린 자세에서 양팔을 어깨너비로 벌리고 팔꿈치과 손을 바닥
  에 댄다.

2 무릎을 펴고 발끝으로 몸을 지지한다.

3 이때 팔꿈치가 어깨 아래 위치하는지 확인한다.

4 복부에 힘을 주면서 등과 다리가 일직선이 되도록 유지한다.

변형 플랭크

1 **플랭크** 준비 자세를 취한다.

2 이때 무릎을 바닥에 대고 손바닥도 바닥에 댄다.

3 복부에 힘을 주면서 등이 일직선이 되도록 유지한다.

한 발 균형잡기

1 양손으로 허리를 잡고 선다.

2 한쪽 다리를 천천히 뒤로 들어 올려 반대쪽 다리로만 균형을 잡
   는다.

3 이때 복부에 힘을 주어 엉덩이가 틀어지지 않게 한다.

4 눈을 감아 난이도를 높일 수 있다.

5 반대쪽도 같은 방법으로 한다.

V 싯

1 바닥에 앉아 몸을 뒤로 기대면서 양다리를 위로 들어 올린다.

2 이때 등과 다리를 곧게 펴고 양팔은 앞으로 뻗는다.

3 정해진 시간 동안 자세를 유지한다.

감사의 말

방대한 양의 과학 지식을 제 이야기와 버무려 책으로 만들어준 편집자 카렌 머골로와 보조 편집자 재클린 퀴크, 디자인을 담당한 멀리사 로프티와 클로이 포스터, 편집 과정 전반을 관리한 마리나 파다키스와 크리스티나 스탬보, 홍보의 브리짓 노세라, 마케팅의 케이티 툴 등 하퍼콜린스 출판사 사람들에게 감사드립니다. 애비타스 크리에이티브 매니지먼트의 제 에이전트인 크리스 부치에게도 감사를 전합니다.

운동이 뇌에 제공하는 혜택에 관한 훌륭한 증거들을 수집해준 학술계 동료들, 뉴로핏 연구소의 탁월한 리서치팀, 주석의 사실 여부를 검증해준 전 지도 학생 알렉시스 블록에게 감사드립니다. 운동 프로그램을 과학적 증거에 기반해 고안하는 일을 도와준 제 코치 크리스티나 플라체키, 일명 코치 K에게도 감사를 표합니다(placheckicoaching. ca). 저와 제 가족, 친구들이 운동을 시연하는 모습을 아름답게 찍어준 사진작가 폴리나 제치코프스카에게도 감사의 말을 전합니다 (paulinarz.com).

무엇보다도 항상 저를 믿고 지원해주는 가족, 친구, 학생, 동료 여러분 그리고 제 영감의 원천인 사랑하는 딸 모니카에게 진심 어린 감사를 전합니다.

참고문헌

1장 왜 우리는 작심삼일에서 벗어나지 못할까?

1   Blundell, J., Gibbons, C., Caudwell, P., Finlayson, G. & Hopkins, M. "Appetite control and energy balance: Impact of exercise." *Obesity Reviews* 16 (2015): 67–76.

2   Liebenberg, L. "Persistence hunting by modern hunter-gatherers." *Current Anthropology* 47 (2006): 1017–1026.

3   Selinger, J.C., O'Connor, S.M., Wong, J.D. & Donelan, J.M. "Humans can continuously optimize energetic cost during walking." *Current Biology* 25 (2015): 2452–2456.

4   Englert, C. & Rummel, J. "I want to keep on exercising but I don't: The negative impact of momentary lacks of self-control on exercise adherence." *Psychology of Sport and Exercise* 26 (2016): 24–31.

5   Harris, S. & Bray, S.R. "Effects of mental fatigue on exercise decision-making." *Psychology of Sport and Exercise* 44 (2019): 1–8.

6   Cheval, B., et al. "Avoiding sedentary behaviors requires more cortical resources than avoiding physical activity: An EEG study." *Neuropsychologia* 119 (2018): 68–80.

7   Arbour, K.P. & Martin Ginis, K.A. "A randomised controlled trial of the effects of implementation intentions on women's walking behaviour." *Psychology and Health* 24 (2009): 49–65.

8   Reed, J.L. & Pipe, A.L. "The talk test: A useful tool for prescribing and monitoring exercise intensity." *Current Opinion in Cardiology* 29 (2014): 475–480.

9   Williamson, J., McColl, R., Mathews, D., Ginsburg, M. & Mitchell, J. "Activation of the insular cortex is affected by the intensity of exercise." *Journal of Applied Physiology* 87 (1999): 1213–1219.

10 Scherr, J., et al. "Associations between Borg's rating of perceived exertion and

physiological measures of exercise intensity." *European Journal of Applied Physiology* 113 (2013): 147–155.

11 Parfitt, G., Rose, E.A. & Burgess, W.M. "The psychological and physiological responses of sedentary individuals to prescribed and preferred intensity exercise." *British Journal of Health Psychology* 11 (2006): 39–53.

12 Hardy, C.J. & Rejeski, W.J. "Not what, but how one feels: The measurement of affect during exercise." *Journal of Sport and Exercise Psychology* 11 (1989): 304–317.

13 Borg, G.A. "Psychophysical bases of perceived exertion." *Medicine & Science in Sports & Exercise* 14 (1982): 377–381.

14 Messonnier, L.A., et al. "Lactate kinetics at the lactate threshold in trained and untrained men." *Journal of Applied Physiology* 114 (2013): 1593–1602.

15 Ekkekakis, P., Hall, E.E. & Petruzzello, S.J. "The relationship between exercise intensity and affective responses demystified: To crack the 40-year-old nut, replace the 40-year-old nutcracker!" *Annals of Behavioral Medicine* 35 (2008): 136–149.

16 Acevedo, E., Kraemer, R., Haltom, R. & Tryniecki, J. "Perceptual responses proximal to the onset." *Journal of Sports Medicine & Physical Fitness* 43 (2003): 267– 273.

17 Williams, D.M., et al. "Acute affective response to a moderate-intensity exercise stimulus predicts physical activity participation 6 and 12 months later." *Psychology of Sport and Exercise* 9 (2008): 231–245.

18 Seiler, S. "What is best practice for training intensity and duration distribution in endurance athletes?" *International Journal of Sports Physiology and Performance* 5 (2010): 276–291.

19 Bargai, N., Ben-Shakhar, G. & Shalev, A.Y. "Posttraumatic stress disorder and depression in battered women: The mediating role of learned helplessness." *Journal of Family Violence* 22 (2007): 267–275.

20 Maier, S.F. & Seligman, M.E. "Learned helplessness at fifty: Insights from neuroscience." *Psychological Review* 123 (2016): 349.

21 Silverman, M.N. & Deuster, P.A. "Biological mechanisms underlying the role of physical fitness in health and resilience." *Interface Focus* 4 (2014): 20140040.

22 Greenwood, B.N. & Fleshner, M. "Exercise, stress resistance, and central serotonergic systems." *Exercise and Sport Sciences Reviews* 39 (2011): 140.

23 Kitraki, E., Karandrea, D. & Kittas, C. "Long-lasting effects of stress on glucocorticoid receptor gene expression in the rat brain." *Neuroendocrinology* 69 (1999): 331–338.

24 Labonte, B., et al. "Differential glucocorticoid receptor exon 1B, 1C, and 1H expression and methylation in suicide completers with a history of childhood abuse." *Biological Psychiatry* 72 (2012): 41–48.

25 Cohen, S., et al. "Chronic stress, glucocorticoid receptor resistance, inflammation, and disease risk." *Proceedings of the National Academy of Sciences* 109 (2012): 5995–5999.

26 Lupien, S.J., McEwen, B.S., Gunnar, M.R. & Heim, C. "Effects of stress throughout the lifespan on the brain, behaviour and cognition." *Nature Reviews Neuroscience* 10 (2009): 434–445.

27 Rimmele, U., et al. "Trained men show lower cortisol, heart rate and psychological responses to psychosocial stress compared with untrained men." *Psychoneuroendocrinology* 32 (2007): 627–635.

28 von Haaren, B., Haertel, S., Stumpp, J., Hey, S. & Ebner-Priemer, U. "Reduced emotional stress reactivity to a real-life academic examination stressor in students participating in a 20-week aerobic exercise training: A randomised controlled trial using Ambulatory Assessment." *Psychology of Sport and Exercise* 20 (2015): 67–75.

29 Silverman, M.N. & Deuster, P.A. "Biological mechanisms underlying the role of physical fitness in health and resilience." *Interface Focus* 4 (2014): 20140040

30 Adlard, P. & Cotman, C. "Voluntary exercise protects against stress-induced decreases in brain-derived neurotrophic factor protein expression." *Neuroscience* 124 (2004): 985–992.

31 Marais, L., Stein, D.J. & Daniels, W.M. "Exercise increases BDNF levels in the striatum and decreases depressive-like behavior in chronically stressed rats." *Metabolic Brain Disease* 24 (2009): 587–597.

32 Zschucke, E., Renneberg, B., Dimeo, F., Wüstenberg, T. & Ströhle, A. "The stress-buffering effect of acute exercise: Evidence for HPA axis negative feedback." *Psychoneuroendocrinology* 51 (2015): 414–425.

33 Stults-Kolehmainen, M.A., Bartholomew, J.B. & Sinha, R. "Chronic psychological stress impairs recovery of muscular function and somatic sensations over a 96-hour period." *The Journal of Strength & Conditioning Research* 28 (2014): 2007–2017.

34 Perna, F.M. & McDowell, S.L. "Role of psychological stress in cortisol recovery from exhaustive exercise among elite athletes." *International Journal of Behavioral Medicine* 2 (1995): 13.

35 Lucibello, K.M., Paolucci, E.M., Graham, J.D. & Heisz, J.J. "A randomized control trial investigating high-intensity interval training and mental health: A novel non-responder phenotype related to anxiety in young adults." *Mental Health and Physical Activity* 18 (2020): 100327.

36 Soya, H., et al. "BDNF induction with mild exercise in the rat hippocampus." *Biochemical and Biophysical Research Communications* 358 (2007): 961–967.

37 Bood, R.J., Nijssen, M., Van Der Kamp, J. & Roerdink, M. "The power of auditory-motor synchronization in sports: Enhancing running performance by coupling cadence with the right beats." *PLOS ONE* 8 (2013): e70758.

38 De Ataide e Silva, T., et al. "Can carbohydrate mouth rinse improve performance during exercise? A systematic review." *Nutrients* 6 (2014): 1–10.

1   Bandelow, B. & Michaelis, S. "Epidemiology of anxiety disorders in the 21st century." *Dialogues in Clinical Neuroscience* 17 (2015): 327.

2   Watson, J.B. & Rayner, R. "Conditioned emotional reactions." *Journal of Experimental Psychology* 3 (1920): 1.

3   El Khoury-Malhame, M., et al. "Amygdala activity correlates with attentional bias in PTSD." *Neuropsychologia* 49 (2011): 1969–1973.

4   Zhou, Z., et al. "Genetic variation in human NPY expression affects stress response and emotion." *Nature* 452 (2008): 997–1001.

5   Zhou, Z., et al. "Genetic variation in human NPY expression affects stress response and emotion." *Nature* 452 (2008): 997–1001.

6   Fendt, M., et al. "Fear-reducing effects of intra-amygdala neuropeptide Y infusion in animal models of conditioned fear: An NPY Y1 receptor independent effect." *Psychopharmacology* 206 (2009): 291–301.

7   Sah, R., et al. "Low cerebrospinal fluid neuropeptide Y concentrations in posttraumatic stress disorder." *Biological Psychiatry* 66 (2009): 705–707.

8   Rämson, R., Jürimäe, J., Jürimäe, T. & Mäestu, J. "The effect of 4-week training period on plasma neuropeptide Y, leptin and ghrelin responses in male rowers." *European Journal of Applied Physiology* 112 (2012): 1873–1880.

9   Lucibello, K., Parker, J. & Heisz, J. "Examining a training effect on the state anxiety response to an acute bout of exercise in low and high anxious individuals." *Journal of Affective Disorders* 247 (2019): 29–35.

10 Stubbs, B., et al. "An examination of the anxiolytic effects of exercise for people with anxiety and stress-related disorders: A meta-analysis." *Psychiatry Research* 249 (2017): 102–108.

11 Ensari, I., Greenlee, T.A., Motl, R.W. & Petruzzello, S.J. "Meta-analysis of acute exercise effects on state anxiety: An update of randomized controlled trials over the past 25 years." *Depression and Anxiety* 32 (2015): 624–634.

12 Stubbs, B., et al. "An examination of the anxiolytic effects of exercise for people with anxiety and stress-related disorders: A meta-analysis." *Psychiatry Research* 249 (2017): 102–108.

13 Gordon, B.R., McDowell, C.P., Lyons, M. & Herring, M.P. "The effects of resistance exercise training on anxiety: A meta-analysis and meta-regression analysis of randomized controlled trials." *Sports Medicine* 47 (2017): 2521–2532.

14 Cramer, H., et al. "Yoga for anxiety: A systematic review and meta-analysis of randomized controlled trials." *Depression and Anxiety* 35 (2018): 830–843.

15 Wang, F., et al. "The effects of tai chi on depression, anxiety, and psychological well-being: A systematic review and meta-analysis." *International Journal of Behavioral Medicine* 21 (2014): 605–617.

16 Raeder, F., Merz, C.J., Margraf, J. & Zlomuzica, A. "The association between fear extinction, the ability to accomplish exposure and exposure therapy outcome in specific phobia." *Scientific Reports* 10 (2020): 1–11.

17 Keyan, D. & Bryant, R.A. "Acute exercise-induced enhancement of fear inhibition is moderated by BDNF Val66Met polymorphism." *Translational Psychiatry* 9 (2019): 1–10.

18 Tanner, M.K., Hake, H.S., Bouchet, C.A. & Greenwood, B.N. "Running from fear: Exercise modulation of fear extinction." *Neurobiology of Learning and Memory* 151 (2018): 28–34.

19 Asmundson, G.J., et al. "Let's get physical: A contemporary review of the anxiolytic effects of exercise for anxiety and its disorders." *Depression and Anxiety* 30 (2013): 362–373.

20 Smits, J.A., et al. "Reducing anxiety sensitivity with exercise." *Depression and Anxiety* 25 (2008): 689–699.

21 Sabourin, B.C., Hilchey, C.A., Lefaivre, M.-J., Watt, M.C. & Stewart, S.H. "Why do they exercise less? Barriers to exercise in high-anxiety-sensitive women." *Cognitive Behaviour Therapy* 40 (2011): 206–215.

22 Moshier, S.J., et al. "Clarifying the link between distress intolerance and exercise: Elevated anxiety sensitivity predicts less vigorous exercise." *Cognitive Therapy and Research* 37 (2013): 476–482.

23 Esquivel, G., et al. "Acute exercise reduces the effects of a 35% CO_2 challenge in patients with panic disorder." *Journal of Affective Disorders* 107 (2008): 217–220.

24 Plag, J., Ergec, D.L., Fydrich, T. & Ströhle, A. "High-intensity interval training in panic disorder patients: A pilot study." *The Journal of Nervous and Mental Disease* 207 (2019): 184–187.

25 Spindler, H. & Pedersen, S.S. "Posttraumatic stress disorder in the wake of heart disease: Prevalence, risk factors, and future research directions." *Psychosomatic Medicine* 67 (2005): 715–723.

26 Edmondson, D., et al. "Prevalence of PTSD in survivors of stroke and transient ischemic attack: A meta-analytic review." *PLOS ONE* 8 (2013): e66435.

27 Fang, J., Ayala, C., Luncheon, C., Ritchey, M. & Loustalot, F. "Use of outpatient cardiac rehabilitation among heart attack survivors — 20 states and the District of Columbia, 2013 and four states, 2015." *Morbidity and Mortality Weekly Report* 66 (2017): 869.

28 Ter Hoeve, N., et al. "Does cardiac rehabilitation after an acute cardiac syndrome lead

to changes in physical activity habits? Systematic review." *Physical Therapy* 95 (2015): 167–179.

29   Farris, S.G., Bond, D.S., Wu, W.C., Stabile, L.M. & Abrantes, A.M. "Anxiety sensitivity and fear of exercise in patients attending cardiac rehabilitation." *Mental Health and Physical Activity* 15 (2018): 22–26.

30   Edmondson, D., et al. "Posttraumatic stress due to an acute coronary syndrome increases risk of 42-month major adverse cardiac events and all-cause mortality." *Journal of Psychiatric Research* 45 (2011): 1621–1626.

31   Dahlhamer, J., et al. "Prevalence of chronic pain and high-impact chronic pain among adults — United States, 2016." *Morbidity and Mortality Weekly Report* 67 (2018): 1001.

32   Slade, S.C., Patel, S., Underwood, M. & Keating, J.L. "What are patient beliefs and perceptions about exercise for nonspecific chronic low back pain? A systematic review of qualitative studies." *The Clinical Journal of Pain* 30 (2014): 995-1005.

33   Pfingsten, M., et al. "Fear-avoidance behavior and anticipation of pain in patients with chronic low back pain: A randomized controlled study." *Pain Medicine* 2 (2001): 259–266.

34   Boudreau, M., et al. "Impact of panic attacks on bronchoconstriction and subjective distress in asthma patients with and without panic disorder." *Psychosomatic Medicine* 79 (2017): 576–584.

35   Witcraft, S.M., Dixon, L.J., Leukel, P. & Lee, A.A. "Anxiety sensitivity and respiratory disease outcomes among individuals with chronic obstructive pulmonary disease." *General Hospital Psychiatry* 69 (2021): 1–6.

36   van Tilburg, M.A., Palsson, O.S. & Whitehead, W.E. "Which psychological factors exacerbate irritable bowel syndrome? Development of a comprehensive model." *Journal of Psychosomatic Research* 74 (2013): 486–492.

37   Yoshino, A., et al. "Sadness enhances the experience of pain via neural activation in the anterior cingulate cortex and amygdala: An fMRI study." *Neuroimage* 50 (2010): 1194–1201.

38   Gray, K. & Wegner, D.M. "The sting of intentional pain." *Psychological Science* 19 (2008): 1260–1262.

39   Pfingsten, M., et al. "Fear-avoidance behavior and anticipation of pain in patients with chronic low back pain: A randomized controlled study." *Pain Medicine* 2 (2001): 259–266.

40   Pfingsten, M., et al. "Fear-avoidance behavior and anticipation of pain in patients with chronic low back pain: A randomized controlled study." *Pain Medicine* 2 (2001): 259–266.

41   Jamieson, J.P., Nock, M.K. & Mendes, W.B. "Mind over matter: Reappraising arousal improves cardiovascular and cognitive responses to stress." *Journal of Experimental*

Psychology: General 141 (2012): 417.

42 Wood, J.V., Elaine Perunovic, W. & Lee, J.W. "Positive self-statements: Power for some, peril for others." *Psychological Science* 20 (2009): 860–866.

43 Symons, C.M., O'Sullivan, G.A. & Polman, R. "The impacts of discriminatory experiences on lesbian, gay and bisexual people in sport." *Annals of Leisure Research* 20 (2017): 467–489.

44 Caceres, B.A., et al. "Assessing and addressing cardiovascular health in LGBTQ adults: A scientific statement from the American Heart Association." *Circulation* 142 (2020): e321–e332.

45 Herrick, S.S. & Duncan, L.R. "A systematic scoping review of engagement in physical activity among LGBTQ+ adults." *Journal of Physical Activity and Health* 15 (2018): 226–232.

46 Meyer, M.L., Williams, K.D. & Eisenberger, N.I. "Why social pain can live on: Different neural mechanisms are associated with reliving social and physical pain." *PLOS ONE* 10 (2015): e0128294.

47 Eisenberger, N.I., Lieberman, M.D. & Williams, K.D. "Does rejection hurt? An fMRI study of social exclusion." *Science* 302 (2003): 290–292.

48 Meyer, M.L., Williams, K.D. & Eisenberger, N.I. "Why social pain can live on: Different neural mechanisms are associated with reliving social and physical pain." *PLOS ONE* 10 (2015): e0128294.

49 Danziger, N. & Willer, J.C. "Tension-type headache as the unique pain experience of a patient with congenital insensitivity to pain." *Pain* 117 (2005): 478–483.

50 Csupak, B., Sommer, J.L., Jacobsohn, E. & El-Gabalawy, R. "A population based examination of the co-occurrence and functional correlates of chronic pain and generalized anxiety disorder." *Journal of Anxiety Disorders* 56 (2018): 74–80.

51 Doll, A., et al. "Mindful attention to breath regulates emotions via increased amygdala–prefrontal cortex connectivity." *Neuroimage* 134 (2016): 305–313.

52 Wells, R.E., et al. "Attention to breath sensations does not engage endogenous opioids to reduce pain." *Pain* 161 (2020): 1884–1893.

53 Shelov, D.V., Suchday, S. & Friedberg, J.P. "A pilot study measuring the impact of yoga on the trait of mindfulness." *Behavioural and Cognitive Psychotherapy* 37 (2009): 595.

54 Zhang, J., et al. "A randomized controlled trial of mindfulness-based tai chi chuan for subthreshold depression adolescents." *Neuropsychiatric Disease and Treatment* 14 (2018): 2313.

55 Caldwell, K., Adams, M., Quin, R., Harrison, M. & Greeson, J. "Pilates, mindfulness and somatic education." *Journal of Dance & Somatic Practices* 5 (2013): 141–153.

56 Mothes, H., Klaperski, S., Seelig, H., Schmidt, S. & Fuchs, R. "Regular aerobic exercise increases dispositional mindfulness in men: A randomized controlled trial." *Mental*

Health and Physical Activity 7 (2014): 111–119.

57 Ulmer, C.S., Stetson, B.A. & Salmon, P.G. "Mindfulness and acceptance are associated with exercise maintenance in YMCA exercisers." *Behaviour Research and Therapy* 48 (2010): 805–809.

3장 강철 같은 몸에 강철 같은 멘탈이 깃든다

1   Mojtabai, R. & Olfson, M. "Proportion of antidepressants prescribed without a psychiatric diagnosis is growing." *Health Affairs* 30 (2011): 1434–1442.

2   Spielmans, G.I., Spence-Sing, T. & Parry, P. "Duty to warn: Antidepressant black box suicidality warning is empirically justified." *Frontiers in Psychiatry* 11 (2020): 18.

3   Fava, M. & Davidson, K.G. "Definition and epidemiology of treatment-resistant depression." *Psychiatric Clinics of North America* 19 (1996): 179–200.

4   James, S.L., et al. "Global, regional, and national incidence, prevalence, and years lived with disability for 354 diseases and injuries for 195 countries and territories, 1990– 2017: A systematic analysis for the Global Burden of Disease Study 2017." *The Lancet* 392 (2018): 1789–1858.

5   Santosh, P.J. & Malhotra, S. "Varied psychiatric manifestations of acute intermittent porphyria." *Biological Psychiatry* 36 (1994): 744–747.

6   Andrews, P.W. & Thomson Jr, J.A. "The bright side of being blue: Depression as an adaptation for analyzing complex problems." *Psychological Review* 116 (2009): 620.

7   Dienberg Love, G., Seeman, T.E., Weinstein, M. & Ryff, C.D. "Bioindicators in the MIDUS national study: Protocol, measures, sample, and comparative context." *Journal of Aging and Health* 22 (2010): 1059–1080.

8   Sin, N.L., Graham-Engeland, J.E., Ong, A.D. & Almeida, D.M. "Affective reactivity to daily stressors is associated with elevated inflammation." *Health Psychology* 34 (2015): 1154.

9   Charles, S.T., Piazza, J.R., Mogle, J., Sliwinski, M.J. & Almeida, D.M. "The wear and tear of daily stressors on mental health." *Psychological Science* 24 (2013): 733–741.

10 Chiang, J.J., Turiano, N.A., Mroczek, D.K. & Miller, G.E. "Affective reactivity to daily stress and 20-year mortality risk in adults with chronic illness: Findings from the National Study of Daily Experiences." *Health Psychology* 37 (2018): 170.

11 Caballero, B. "The global epidemic of obesity: An overview." *Epidemiologic Reviews* 29 (2007): 1–5.

12 Van Cauter, E., Spiegel, K., Tasali, E. & Leproult, R. "Metabolic consequences of sleep and sleep loss." *Sleep Medicine* 9 (2008): S23–S28.

13 Piercy, K.L., et al. "The physical activity guidelines for Americans." *The Journal of the American Medical Association* 320 (2018): 2020–2028.

14 Booth, F.W., Gordon, S.E., Carlson, C.J. & Hamilton, M.T. "Waging war on modern chronic diseases: Primary prevention through exercise biology." *Journal of Applied Physiology* 88 (2000): 774–787.

15 "GLOBAL STATUS REPORT on noncommunicable diseases 2014." World Health Organization. last modified n.d., accessed Jul 09, 2023, https://apps.who.int/iris/bitstream/handle/10665/148114/9789241564854_eng.pdf..

16 Chen, G.Y. & Nuñez, G. "Sterile inflammation: Sensing and reacting to damage." *Nature Reviews Immunology* 10 (2010): 826–837.

17 Buret, A.G. "How stress induces intestinal hypersensitivity." *The American Journal of Pathology* 168 (2006): 3.

18 Yang, J., et al. "Lactose intolerance in irritable bowel syndrome patients with diarrhoea: The roles of anxiety, activation of the innate mucosal immune system and visceral sensitivity." *Alimentary Pharmacology & Therapeutics* 39 (2014): 302–311.

19 Chida, Y., Hamer, M. & Steptoe, A. "A bidirectional relationship between psychosocial factors and atopic disorders: A systematic review and metaanalysis." *Psychosomatic Medicine* 70 (2008): 102–116.

20 Pedersen, A., Zachariae, R. & Bovbjerg, D.H. "Influence of psychological stress on upper respiratory infection — a meta-analysis of prospective studies." *Psychosomatic Medicine* 72 (2010): 823–832.

21 Kivimäki, M. & Kawachi, I. "Work stress as a risk factor for cardiovascular disease." *Current Cardiology Reports* 17 (2015): 1–9.

22 Sisó, S., Jeffrey, M. & González, L. "Sensory circumventricular organs in health and disease." *Acta Neuropathologica* 120 (2010): 689–705.

23 Savitz, J., et al. "Putative neuroprotective and neurotoxic kynurenine pathway metabolites are associated with hippocampal and amygdalar volumes in subjects with major depressive disorder." *Neuropsychopharmacology* 40 (2015): 463–471.

24 Couch, Y., et al. "Microglial activation, increased TNF and SERT expression in the prefrontal cortex define stress-altered behaviour in mice susceptible to anhedonia." *Brain, Behavior, and Immunity* 29 (2013): 136–146.

25 Lanquillon, S., Krieg, J.C., Bening-Abu-Shach, U. & Vedder, H. "Cytokine production and treatment response in major depressive disorder." *Neuropsychopharmacology* 22 (2000): 370–379.

26 Strawbridge, R., et al. "Inflammation and clinical response to treatment in depression: A meta-analysis." *European Neuropsychopharmacology* 25 (2015): 1532–1543.

27 Haroon, E., et al. "Antidepressant treatment resistance is associated with increased inflammatory markers in patients with major depressive disorder." *Psychoneuroendocrinology* 95 (2018): 43–49.

28 Svensson, T., et al. "The association between complete and partial nonresponse to psychosocial questions and suicide: The JPHC Study." *The European Journal of Public Health* 25 (2015): 424–430.

29 Rethorst, C.D., et al. "Pro-inflammatory cytokines as predictors of antidepressant effects of exercise in major depressive disorder." *Molecular Psychiatry* 18 (2013): 1119.

30 Corruble, E., Legrand, J., Duret, C., Charles, G. & Guelfi, J. "IDS-C and IDS-sr: Psychometric properties in depressed in-patients." *Journal of Affective Disorders* 56 (1999): 95–101.

31 Kvam, S., Kleppe, C.L., Nordhus, I.H. & Hovland, A. "Exercise as a treatment for depression: A meta-analysis." *Journal of Affective Disorders* 202 (2016): 67–86.

32 Schuch, F.B., et al. "Exercise as a treatment for depression: A meta-analysis adjusting for publication bias." *Journal of Psychiatric Research* 77 (2016): 42–51.

33 Netz, Y. "Is the comparison between exercise and pharmacologic treatment of depression in the clinical practice guideline of the American College of Physicians evidence-based?" *Frontiers in Pharmacology* 8 (2017): 257.

34 Babyak, M., et al. "Exercise treatment for major depression: Maintenance of therapeutic benefit at 10 months." *Psychosomatic Medicine* 62 (2000): 633–638.

35 Das, A., et al. "Comparison of treatment options for depression in heart failure: A network meta-analysis." *Journal of Psychiatric Research* 108 (2019): 7–23.

36 Thombs, B.D., et al. "Does evidence support the American Heart Association's recommendation to screen patients for depression in cardiovascular care? An updated systematic review." *PLOS ONE* 8 (2013): e52654.

37 Blumenthal, J.A., et al. "Exercise and pharmacological treatment of depressive symptoms in patients with coronary heart disease: Results from the UPBEAT (Understanding the Prognostic Benefits of Exercise and Antidepressant Therapy) study." *Journal of the American College of Cardiology* 60 (2012): 1053–1063.

38 Gleeson, M., et al. "The anti-inflammatory effects of exercise: Mechanisms and implications for the prevention and treatment of disease." *Nature Reviews Immunology* 11 (2011): 607–615.

39 Brandt, C. & Pedersen, B.K. "The role of exercise-induced myokines in muscle homeostasis and the defense against chronic diseases." *Journal of Biomedicine and Biotechnology* 2010 (2010): 1–6.

40 Severinsen, M.C.K. & Pedersen, B.K. "Muscle–organ crosstalk: The emerging roles of myokines." *Endocrine Reviews* 41 (2020): 594–609.

41 Champaneri, S., Wand, G.S., Malhotra, S.S., Casagrande, S.S. & Golden, S.H.

"Biological basis of depression in adults with diabetes." *Current Diabetes Reports* 10 (2010): 396–405.

42 Nerurkar, L., Siebert, S., McInnes, I.B. & Cavanagh, J. "Rheumatoid arthritis and depression: An inflammatory perspective." *The Lancet Psychiatry* 6 (2019): 164–173.

43 Sforzini, L., Nettis, M.A., Mondelli, V. & Pariante, C.M. "Inflammation in cancer and depression: A starring role for the kynurenine pathway." *Psychopharmacology* (2019): 1–15.

44 Paolucci, E.M., Loukov, D., Bowdish, D.M. & Heisz, J.J. "Exercise reduces depression and inflammation but intensity matters." *Biological Psychology* 133 (2018): 79–84.

45 Gerritsen, R.J. & Band, G.P. "Breath of life: The respiratory vagal stimulation model of contemplative activity." *Frontiers in Human Neuroscience* 12 (2018): 397.

46 Buchheit, M., et al. "Monitoring endurance running performance using cardiac parasympathetic function." *European Journal of Applied Physiology* 108 (2010): 1153–1167.

47 Machhada, A., et al. "Vagal determinants of exercise capacity." *Nature Communications* 8 (2017): 1–7.

48 von Haaren, B., Haertel, S., Stumpp, J., Hey, S. & Ebner-Priemer, U. "Reduced emotional stress reactivity to a real-life academic examination stressor in students participating in a 20-week aerobic exercise training: A randomised controlled trial using Ambulatory Assessment." *Psychology of Sport and Exercise* 20 (2015): 67–75.

49 Netz, Y. "Is the comparison between exercise and pharmacologic treatment of depression in the clinical practice guideline of the American College of Physicians evidence-based?" *Frontiers in Pharmacology* 8 (2017): 257.

50 Nebiker, L., et al. "Moderating effects of exercise duration and intensity in neuromuscular vs. endurance exercise interventions for the treatment of depression: A meta-analytical review." *Frontiers in Psychiatry* 9 (2018): 305.

51 Sabir, M.S., et al. "Optimal vitamin D spurs serotonin: 1, 25-dihydroxyvitamin D represses serotonin reuptake transport (SERT) and degradation (MAO-A) gene expression in cultured rat serotonergic neuronal cell lines." *Genes & Nutrition* 13 (2018): 19.

52 Parker, G.B., Brotchie, H. & Graham, R.K. "Vitamin D and depression." *Journal of Affective Disorders* 208 (2017): 56–61.

53 Harvey, S.B., et al. "Exercise and the prevention of depression: Results of the HUNT cohort study." *American Journal of Psychiatry* 175 (2018): 28–36.

54 Rector, N.A., Richter, M.A., Lerman, B. & Regev, R. "A pilot test of the additive benefits of physical exercise to CBT for OCD." *Cognitive Behaviour Therapy* 44 (2015): 328–340.

1 Mónok, K., et al. "Psychometric properties and concurrent validity of two exercise addiction measures: A population wide study." *Psychology of Sport and Exercise* 13 (2012): 739–746.

2 Sussman, S., Lisha, N. & Griffiths, M. "Prevalence of the addictions: A problem of the majority or the minority?" *Evaluation & the Health Professions* 34 (2011): 3–56.

3 Trott, M., et al. "Exercise addiction prevalence and correlates in the absence of eating disorder symptomology: A systematic review and meta-analysis." *Journal of Addiction Medicine* 14 (2020): e321–e329.

4 Lichtenstein, M.B. & Jensen, T.T. "Exercise addiction in CrossFit: Prevalence and psychometric properties of the Exercise Addiction Inventory." *Addictive Behaviors Reports* 3 (2016): 33–37.

5 Herie, Marilyn, Tim Godden, Joanne Shenfeld and Colleen Kelly. *Addiction: An Information Guide.* Toronto: Centre for Addiction and Mental Health, 2010, 4.

6 Szabo, A., Griffiths, M.D., Marcos, R.d.L.V., Mervó, B. & Demetrovics, Z. "Focus: Addiction: Methodological and conceptual limitations in exercise addiction research." *The Yale Journal of Biology and Medicine* 88 (2015): 303.

7 Sutoo, D. & Akiyama, K. "The mechanism by which exercise modifies brain function." *Physiology & Behavior* 60 (1996): 177–181.

8 Fiorino, D.F. & Phillips, A.G. "Facilitation of sexual behavior and enhanced dopamine efflux in the nucleus accumbens of male rats after D-amphetamineinduced behavioral sensitization." *Journal of Neuroscience* 19 (1999): 456–463.

9 Hernandez, L. & Hoebel, B.G. "Food reward and cocaine increase extracellular dopamine in the nucleus accumbens as measured by microdialysis." *Life Sciences* 42 (1988): 1705–1712

10 Di Chiara, G. & Imperato, A. "Drugs abused by humans preferentially increase synaptic dopamine concentrations in the mesolimbic system of freely moving rats." *Proceedings of the National Academy of Sciences* 85 (1988): 5274–5278.

11 Volkow, N.D., Fowler, J.S., Wang, G.-J. & Swanson, J.M. "Dopamine in drug abuse and addiction: Results from imaging studies and treatment implications." *Molecular Psychiatry* 9 (2004): 557–569.

12 Krasnova, I.N., et al. "Methamphetamine self-administration is associated with persistent biochemical alterations in striatal and cortical dopaminergic terminals in the rat." *PLOS ONE* 5 (2010): e8790.

13 Ballard, M.E., et al. "Low dopamine D2/D3 receptor availability is associated with steep discounting of delayed rewards in methamphetamine dependence." *International*

Journal of Neuropsychopharmacology 18 (2015): 1–10.

14 Cass, W.A. & Manning, M.W. "Recovery of presynaptic dopaminergic functioning in rats treated with neurotoxic doses of methamphetamine." *Journal of Neuroscience* 19 (1999): 7653–7660.

15 Woolverton, W.L., Ricaurte, G.A., Forno, L.S. & Seiden, L.S. "Long-term effects of chronic methamphetamine administration in rhesus monkeys." *Brain Research* 486 (1989): 73–78.

16 Wang, G., et al. "Decreased dopamine activity predicts relapse in methamphetamine abusers." *Molecular Psychiatry* 17 (2012): 918–925.

17 Sutoo, D. & Akiyama, K. "The mechanism by which exercise modifies brain function." *Physiology & Behavior* 60 (1996): 177–181.

18 Robertson, C.L., et al. "Effect of exercise training on striatal dopamine D2/D3 receptors in methamphetamine users during behavioral treatment." *Neuropsychopharmacology* 41 (2016): 1629–1636.

19 Goldfarb, A.H., Hatfield, B., Armstrong, D. & Potts, J. "Plasma beta-endorphin concentration: Response to intensity and duration of exercise." *Medicine and Science in Sports and Exercise* 22 (1990): 241–244.

20 Dietrich, A. & McDaniel, W.F. "Endocannabinoids and exercise." *British Journal of Sports Medicine* 38 (2004): 536–541.

21 Boecker, H., et al. "The runner's high: Opioidergic mechanisms in the human brain." *Cerebral Cortex* 18 (2008): 2523–2531.

22 Fuss, J., et al. "A runner's high depends on cannabinoid receptors in mice." *Proceedings of the National Academy of Sciences* 112 (2015): 13105–13108.

23 Raichlen, D.A., Foster, A.D., Seillier, A., Giuffrida, A. & Gerdeman, G.L. "Exercise-induced endocannabinoid signaling is modulated by intensity." *European Journal of Applied Physiology* 113 (2013): 869–875.

24 Dietrich, A. & McDaniel, W.F. "Endocannabinoids and exercise." B*ritish Journal of Sports Medicine* 38 (2004): 536–541.

25 Mitchell, M.R., Berridge, K.C. & Mahler, S.V. "Endocannabinoid-enhanced "liking" in nucleus accumbens shell hedonic hotspot requires endogenous opioid signals." *Cannabis and Cannabinoid Research* 3 (2018): 166–170.

26 Schwarz, L. & Kindermann, W. "β-Endorphin, catecholamines, and cortisol during exhaustive endurance exercise." *International Journal of Sports Medicine* 10 (1989): 324–328.

27 Cohen, E.E., Ejsmond-Frey, R., Knight, N. & Dunbar, R.I. "Rowers' high: Behavioural synchrony is correlated with elevated pain thresholds." *Biology Letters* 6 (2010): 106–108.

28 Tarr, B., Launay, J., Cohen, E. & Dunbar, R. "Synchrony and exertion during dance

independently raise pain threshold and encourage social bonding." *Biology Letters* 11 (2015): 20150767.

29 Sullivan, P. & Rickers, K. "The effect of behavioral synchrony in groups of teammates and strangers." *International Journal of Sport and Exercise Psychology* 11 (2013): 286–291.

30 Whiteman-Sandland, J., Hawkins, J. & Clayton, D. "The role of social capital and community belongingness for exercise adherence: An exploratory study of the CrossFit gym model." *Journal of Health Psychology* 23 (2018): 1545–1556.

31 Wise, R.A. "Dopamine and reward: The anhedonia hypothesis 30 years on." *Neurotoxicity Research* 14 (2008): 169–183.

32 Ferreri, L., et al. "Dopamine modulates the reward experiences elicited by music." *Proceedings of the National Academy of Sciences* 116 (2019): 3793–3798.

33 Wang, D., Wang, Y., Wang, Y., Li, R. & Zhou, C. "Impact of physical exercise on substance use disorders: A meta-analysis." *PLOS ONE* 9 (2014): e110728.

34 Mooney, L.J., et al. "Exercise for methamphetamine dependence: Rationale, design, and methodology." *Contemporary Clinical Trials* 37 (2014): 139–147.

35 Robertson, C.L., et al. "Effect of exercise training on striatal dopamine D2/D3 receptors in methamphetamine users during behavioral treatment." *Neuropsychopharmacoloy* 41 (2016): 1629–1636.

36 Rawson, R.A., et al. "The impact of exercise on depression and anxiety symptoms among abstinent methamphetamine-dependent individuals in a residential treatment setting." *Journal of Substance Abuse Treatment* 57 (2015): 36–40.

37 Rawson, R.A., et al. "Impact of an exercise intervention on methamphetamine use outcomes post-residential treatment care." *Drug and Alcohol Dependence* 156 (2015): 21–28.

38 Abrantes, A.M., et al. "Exercise preferences of patients in substance abuse treatment."*Mental Health and Physical Activity* 4, (2011): 79–87.

39 Beiter, R., Peterson, A., Abel, J. & Lynch, W. "Exercise during early, but not late abstinence, attenuates subsequent relapse vulnerability in a rat model." *Translational Psychiatry* 6 (2016): e792.

40 Robertson, C.L., et al. "Effect of exercise training on striatal dopamine D2/D3 receptors in methamphetamine users during behavioral treatment." *Neuropsychopharmacology* 41 (2016): 1629–1636.

41 Rawson, R.A., et al. "Impact of an exercise intervention on methamphetamine use outcomes post-residential treatment care." *Drug and Alcohol Dependence* 156 (2015): 21–28.

42 Goldstein, R.Z. & Volkow, N.D. "Dysfunction of the prefrontal cortex in addiction: Neuroimaging findings and clinical implications." *Nature Reviews Neuroscience* 12

(2011): 652–669.

43 Brecht, M.L. & Herbeck, D. "Time to relapse following treatment for methamphetamine use: A long-term perspective on patterns and predictors." *Drug and Alcohol Dependence* 139 (2014): 18–25.

44 Shin, C.B., et al. "Incubation of cocaine-craving relates to glutamate over-flow within ventromedial prefrontal cortex." *Neuropharmacology* 102 (2016): 103–110.

45 Parvaz, M.A., Moeller, S.J. & Goldstein, R.Z. "Incubation of cue-induced craving in adults addicted to cocaine measured by electroencephalography." *The Journal of the American Medical Association Psychiatry* 73 (2016): 1127–1134.

46 Abel, J.M., Nesil, T., Bakhti-Suroosh, A., Grant, P.A. & Lynch, W.J. "Mechanisms underlying the efficacy of exercise as an intervention for cocaine relapse: A focus on mGlu5 in the dorsal medial prefrontal cortex." *Psychopharmacology* 236 (2019): 2155–2171.

47 Wang, D., Zhou, C., Zhao, M., Wu, X. & Chang, Y.-K. "Dose–response relationships between exercise intensity, cravings, and inhibitory control in methamphetamine dependence: An ERPs study." *Drug and Alcohol Dependence* 161 (2016): 331–339.

48 Wang, D., Zhu, T., Zhou, C. & Chang, Y.-K. "Aerobic exercise training ameliorates craving and inhibitory control in methamphetamine dependencies: A randomized controlled trial and event-related potential study." *Psychology of Sport and Exercise* 30 (2017): 82–90.

49 Lautner, S.C., Patterson, M.S., Ramirez, M. & Heinrich, K. "Can CrossFit aid in addiction recovery? An exploratory media analysis of popular press." *Mental Health and Social Inclusion* 24 (2020): 97-104.

50 Bava, S. & Tapert, S.F. "Adolescent brain development and the risk for alcohol and other drug problems." *Neuropsychology Review* 20 (2010): 398–413.

51 Galvan, A. "Adolescent development of the reward system." *Frontiers in Human Neuroscience* 4 (2010): 6.

52 Hill, S.Y., et al. "Dopaminergic mutations: Within-family association and linkage in multiplex alcohol dependence families." *American Journal of Medical Genetics Part B: Neuropsychiatric Genetics* 147 (2008): 517–526.

53 Bobzean, S.A., DeNobrega, A.K. & Perrotti, L.I. "Sex differences in the neurobiology of drug addiction." *Experimental Neurology* 259 (2014): 64–74.

54 Giacometti, L. & Barker, J. "Sex differences in the glutamate system: Implications for addiction." *Neuroscience & Biobehavioral Reviews* 113 (2020): 157–168.

55 Velicer, W.F., et al. "Multiple behavior interventions to prevent substance abuse and increase energy balance behaviors in middle school students." *Translational Behavioral Medicine* 3 (2013): 82–93.

56 Korhonen, T., Kujala, U.M., Rose, R.J. & Kaprio, J. "Physical activity in adolescence as

a predictor of alcohol and illicit drug use in early adulthood: A longitudinal population-based twin study." *Twin Research and Human Genetics* 12 (2009): 261–268.

57   Cooper, A.R., et al. "Objectively measured physical activity and sedentary time in youth: The International Children's Accelerometry Database (ICAD)." *International Journal of Behavioral Nutrition and Physical Activity* 12 (2015): 1–10.

58   García-Rodríguez, O., et al. "Probability and predictors of relapse to smoking: Results of the National Epidemiologic Survey on Alcohol and Related Conditions (NESARC)." *Drug and Alcohol Dependence* 132 (2013): 479–485.

59   Campana, B., Brasiel, P.G., de Aguiar, A.S. & Dutra, S.C.P.L. "Obesity and food addiction: Similarities to drug addiction." *Obesity Medicine* 16 (2019): 100136.

60   Mantsch, J.R., Baker, D.A., Funk, D., Lê, A.D. & Shaham, Y. "Stress-induced reinstatement of drug seeking: 20 years of progress." *Neuropsychopharmacology* 41 (2016): 335.

5장 늙기 싫다면 운동하라

1   Mendonça, J., Marques, S. & Abrams, D. "Children's attitudes toward older people: Current and future directions." *Contemporary Perspectives on Ageism* (2018): 517–548.

2   Mendonça, J., Marques, S. & Abrams, D. "Children's attitudes toward older people: Current and future directions." *Contemporary Perspectives on Ageism* (2018): 517–548.

3   Levy, B.R. "Mind matters: Cognitive and physical effects of aging self- stereotypes." T*he Journals of Gerontology Series B: Psychological Sciences and Social Sciences* 58 (2003): 203–211.

4   Hess, T.M., Hinson, J.T. & Hodges, E.A. "Moderators of and mechanisms underlying stereotype threat effects on older adults' memory performance." *Experimental Aging Research* 35 (2009): 153–177.

5   Hausdorff, J.M., Levy, B.R. & Wei, J.Y. "The power of ageism on physical function of older persons: Reversibility of age-related gait changes." *Journal of the American Geriatrics Society* 47 (1999): 1346–1349.

6   Fenesi, B., et al. "Physical exercise moderates the relationship of apolipoprotein E (APOE) genotype and dementia risk: A population-based study." *Journal of Alzheimer's Disease* 56 (2017): 297–303.

7   Edwardson, C.L., et al. "Association of sedentary behaviour with metabolic syndrome: A meta-analysis." *PLOS ONE* 7 (2012): e34916.

8   Verhaaren, B.F., et al. "High blood pressure and cerebral white matter lesion progression in the general population." *Hypertension* 61 (2013): 1354–1359.

9   Vermeer, S.E., et al. "Silent brain infarcts and white matter lesions increase stroke risk in the general population: The Rotterdam Scan Study." *Stroke* 34 (2003): 1126–1129.

10 Debette, S. & Markus, H. "The clinical importance of white matter hyperintensities on brain magnetic resonance imaging: Systematic review and meta-analysis." *The British Medical Journal* 341 (2010): c3666.

11 Gorelick, P.B., et al. "Vascular contributions to cognitive impairment and dementia: A statement for healthcare professionals from the American Heart Association/American Stroke Association." *Stroke* 42 (2011): 2672–2713.

12 Emrani, S., et al. "Alzheimer's/vascular spectrum dementia: Classification in addition to diagnosis." *Journal of Alzheimer's Disease* 73 (2020): 63–71.

13 Perosa, V., et al. "Hippocampal vascular reserve associated with cognitive performance and hippocampal volume." *Brain* 143 (2020): 622–634.

14 de La Torre, J.C. "Alzheimer's disease is a vasocognopathy: A new term to describe its nature." *Neurological Research* 26 (2004): 517–524.

15 Yan, S., et al. "Association between sedentary behavior and the risk of dementia: A systematic review and meta-analysis." *Translational Psychiatry* 10 (2020): 1–8.

16 van Alphen, H.J., et al. "Older adults with dementia are sedentary for most of the day." PLOS ONE 11 (2016): e0152457.

17 Carter, S.E., et al. "Regular walking breaks prevent the decline in cerebral blood flow associated with prolonged sitting." *Journal of Applied Physiology* 125 (2018): 790–798.

18 Loh, R., Stamatakis, E., Folkerts, D., Allgrove, J.E. & Moir, H.J. "Effects of interrupting prolonged sitting with physical activity breaks on blood glucose, insulin and triacylglycerol measures: A systematic review and meta-analysis." *Sports Medicine* 50 (2020): 295–330.

19 Ekelund, U., et al. "Does physical activity attenuate, or even eliminate, the detrimental association of sitting time with mortality? A harmonised meta-analysis of data from more than 1 million men and women." *The Lancet* 388 (2016): 1302–1310.

20 Mckendry, J., Breen, L., Shad, B.J. & Greig, C.A. "Muscle morphology and performance in master athletes: A systematic review and meta-analyses." *Ageing Research Reviews* 45 (2018): 62–82.

21 Kontro, T.K., Sarna, S., Kaprio, J. & Kujala, U.M. "Mortality and health-related habits in 900 Finnish former elite athletes and their brothers." *British Journal of Sports Medicine* 52 (2018): 89–95.

22 Rogers, M.A., Hagberg, J.M., Martin 3rd, W., Ehsani, A. & Holloszy, J.O. "Decline in VO2 max with aging in master athletes and sedentary men." *Journal of Applied Physiology* 68 (1990): 2195–2199.

23 Kurl, S., Laukkanen, J., Lonnroos, E., Remes, A. & Soininen, H. "Cardiorespiratory fitness and risk of dementia: A prospective population-based cohort study." *Age and Ageing* 47 (2018): 611–614.

24 Hörder, H., et al. "Midlife cardiovascular fitness and dementia: A 44-year longitudinal population study in women." *Neurology* 90 (2018): e1298–e1305.

25 Lalande, S., et al. "Effects of interval walking on physical fitness in middle-aged individuals." *Journal of Primary Care & Community Health* 1 (2010): 104–110.

26 Morikawa, M., et al. "Physical fitness and indices of lifestyle-related diseases before and after interval walking training in middle-aged and older males and females." *British Journal of Sports Medicine* 45 (2011): 216–224.

27 Karstoft, K., et al. "The effects of free-living interval-walking training on glycemic control, body composition, and physical fitness in type 2 diabetic patients: A randomized, controlled trial." *Diabetes Care* 36 (2013): 228–236.

28 Lachman, M.E. "Development in midlife." *The Annual Review of Psychology* 55 (2004): 305–331.

29 Reed, J.L. & Pipe, A.L. "The talk test: A useful tool for prescribing and monitoring exercise intensity." *Current Opinion in Cardiology* 29 (2014): 475–480.

30 Stienen, M.N., et al. "Reliability of the 6-minute walking test smartphone application." *Journal of Neurosurgery: Spine* 31 (2019): 786–793.

31 Burr, J.F., Bredin, S.S., Faktor, M.D. & Warburton, D.E. "The 6-minute walk test as a predictor of objectively measured aerobic fitness in healthy working aged adults." *The Physician and Sports Medicine* 39 (2011): 133–139.

32 Kurl, S., Laukkanen, J., Lonnroos, E., Remes, A. & Soininen, H. "Cardiorespiratory fitness and risk of dementia: A prospective population-based cohort study." *Age and Ageing* 47 (2018): 611–614.

33 Ainslie, P.N., et al. "Elevation in cerebral blood flow velocity with aerobic fitness throughout healthy human ageing." *The Journal of Physiology* 586 (2008): 4005–4010.

34 Morland, C., et al. "Exercise induces cerebral VEGF and angiogenesis via the lactate receptor HCAR1." *Nature Communications* 8 (2017): 15557.

35 Phillips, H.S., et al. "BDNF mRNA is decreased in the hippocampus of individuals with Alzheimer's disease." *Neuron* 7 (1991): 695–702.

36 El Hayek, L., et al. "Lactate mediates the effects of exercise on learning and memory through SIRT1-dependent activation of hippocampal brain-derived neurotrophic factor (BDNF)." *Journal of Neuroscience* 39 (2019): 2369–2382.

37 Altman, J. & Das, G.D. "Autoradiographic and histological evidence of postnatal hippocampal neurogenesis in rats." *Journal of Comparative Neurology* 124 (1965): 319–335.

38 Van Praag, H., Kempermann, G. & Gage, F.H. "Running increases cell proliferation

and neurogenesis in the adult mouse dentate gyrus." *Nature Neuroscience* 2 (1999): 266.

39   Van Praag, H., Christie, B.R., Sejnowski, T.J. & Gage, F.H. "Running enhances neurogenesis, learning, and long-term potentiation in mice." *Proceedings of the National Academy of Sciences* 96 (1999): 13427–13431.

40   Van Praag, H., Kempermann, G. & Gage, F.H. "Running increases cell proliferation and neurogenesis in the adult mouse dentate gyrus." *Nature Neuroscience* 2 (1999): 266.

41   Van Praag, H., Christie, B.R., Sejnowski, T.J. & Gage, F.H. "Running enhances neurogenesis, learning, and long-term potentiation in mice." *Proceedings of the National Academy of Sciences* 96 (1999): 13427–13431.

42   Van Praag, H., Shubert, T., Zhao, C. & Gage, F.H. "Exercise enhances learning and hippocampal neurogenesis in aged mice." *Journal of Neuroscience* 25 (2005): 8680–8685.

43   Boldrini, M., et al. "Human hippocampal neurogenesis persists throughout aging." *Cell Stem Cell* 22 (2018): 589–599. e585.

44   Sorrells, S.F., et al. "Human hippocampal neurogenesis drops sharply in children to undetectable levels in adults." *Nature* 555 (2018): 377.

45   Jack, C., et al. "Rate of medial temporal lobe atrophy in typical aging and Alzheimer's disease." *Neurolog y* 51 (1998): 993–999.

46   Maass, A., et al. "Vascular hippocampal plasticity after aerobic exercise in older adults." *Molecular Psychiatry* 20 (2015): 585–593.

47   Erickson, K.I., et al. "Exercise training increases size of hippocampus and improves memory." *Proceedings of the National Academy of Sciences* 108 (2011): 3017–3022.

48   Gorbach, T., et al. "Longitudinal association between hippocampus atrophy and episodic-memory decline." *Neurobiology of Aging* 51 (2017): 167–176.

49   Tromp, D., Dufour, A., Lithfous, S., Pebayle, T. & Després, O. "Episodic memory in normal aging and Alzheimer disease: Insights from imaging and behavioral studies." *Ageing Research Reviews* 24 (2015): 232–262.

50   Kovacevic, A., Fenesi, B., Paolucci, E. & Heisz, J.J. "The effects of aerobic exercise intensity on memory in older adults." *Applied Physiology, Nutrition, and Metabolism* (2019): 591–600.

51   Lourenco, M.V., et al. "Cerebrospinal fluid irisin correlates with amyloid-β, BDNF, and cognition in Alzheimer's disease." *Alzheimer's & Dementia: Diagnosis, Assessment & Disease Monitoring* 12 (2020): e12034.

52   Lourenco, M.V., et al. "Exercise-linked FNDC5/irisin rescues synaptic plasticity and memory defects in Alzheimer's models." *Nature Medicine* 25 (2019): 165.

53   Lourenco, M.V., et al. "Cerebrospinal fluid irisin correlates with amyloid-β, BDNF, and cognition in Alzheimer's disease." *Alzheimer's & Dementia: Diagnosis, Assessment & Disease Monitoring* 12 (2020): e12034.

54 de Freitas, G.B., Lourenco, M.V. & De Felice, F.G. "Protective actions of exercise-related FNDC5/Irisin in memory and Alzheimer's disease." *Journal of Neurochemistry* 155 (2020): 602–611.

55 Okwumabua, T.M., Meyers, A.W. & Santille, L. "A demographic and cognitive profile of master runners." *Journal of Sport Behavior* 10 (1987): 212.

56 Frisoni, G.B., et al. "Mild cognitive impairment in the population and physical health: Data on 1,435 individuals aged 75 to 95." *The Journals of Gerontology Series A: Biological Sciences and Medical Sciences* 55 (2000): M322–M328.

57 Sachdev, P.S., et al. "Factors predicting reversion from mild cognitive impairment to normal cognitive functioning: A population-based study." *PLOS ONE* 8 (2013): e59649.

58 Singh, M.A.F., et al. "The Study of Mental and Resistance Training (SMART) study — resistance training and/or cognitive training in mild cognitive impairment: A randomized, double-blind, double-sham controlled trial." *Journal of the American Medical Directors Association* 15 (2014): 873–880.

59 Tak, E.C., van Uffelen, J.G., Paw, M.J.C.A., van Mechelen, W. & Hopman- Rock, M. "Adherence to exercise programs and determinants of maintenance in older adults with mild cognitive impairment." *Journal of Aging and Physical Activity* 20 (2012): 32–46.

60 Penninkilampi, R., Casey, A.N., Singh, M.F. & Brodaty, H. "The association between social engagement, loneliness, and risk of dementia: A systematic review and meta-analysis." *Journal of Alzheimer's Disease* 66 (2018): 1619–1633.

61 Sundström, A., Adolfsson, A.N., Nordin, M. & Adolfsson, R. "Loneliness increases the risk of all-cause dementia and Alzheimer's disease." *The Journals of Gerontology: Series B* 75 (2020): 919–926.

62 Dunlop, W.L. & Beauchamp, M.R. "Birds of a feather stay active together: A case study of an all-male older adult exercise program." *Journal of Aging and Physical Activity* 21 (2013): 222–232.

63 Farrance, C., Tsofliou, F. & Clark, C. "Adherence to community based group exercise interventions for older people: A mixed-methods systematic review." *Preventive Medicine* 87 (2016): 155–166.

64 Kanamori, S., et al. "Exercising alone versus with others and associations with subjective health status in older Japanese: The JAGES Cohort Study." *Scientific Reports* 6 (2016): 1–7.

65 Brady, S., et al. "Reducing isolation and loneliness through membership in a fitness program for older adults: Implications for health." *Journal of Applied Gerontology* 39 (2020): 301–310.

66 Hawkley, L.C. & Cacioppo, J.T. "Loneliness matters: A theoretical and empirical review of consequences and mechanisms." *Annals of Behavioral Medicine* 40 (2010): 218–227.

67 Hawkley, L.C., Thisted, R.A. & Cacioppo, J.T. "Loneliness predicts reduced physical activity: Cross-sectional & longitudinal analyses." *Health Psychology* 28 (2009): 354.

68 Devereux-Fitzgerald, A., Powell, R., Dewhurst, A. & French, D.P. "The acceptability of physical activity interventions to older adults: A systematic review and meta-synthesis." *Social Science & Medicine* 158 (2016): 14–23.

69 Stubbs, B., et al. "Risk of hospitalized falls and hip fractures in 22,103 older adults receiving mental health care vs 161,603 controls: A large cohort study." *Journal of the American Medical Directors Association* 21 (2020): 1893–1899.

70 Karssemeijer, E.G., et al. "Exergaming as a physical exercise strategy reduces frailty in people with dementia: A randomized controlled trial." *Journal of the American Medical Directors Association* 20 (2019): 1502–1508. e1501.

71 Northey, J.M., Cherbuin, N., Pumpa, K.L., Smee, D.J. & Rattray, B. "Exercise interventions for cognitive function in adults older than 50: A systematic review with meta-analysis." *British Journal of Sports Medicine* 52 (2018): 154–160.

6장 잠을 설칠까 봐 두려운 당신에게

1 Roth, T. "Insomnia: Definition, prevalence, etiology, and consequences." *Journal of Clinical Sleep Medicine* 3 (2007): S7–S10.

2 Timpano, K.R., Carbonella, J.Y., Bernert, R.A. & Schmidt, N.B. "Obsessive compulsive symptoms and sleep difficulties: Exploring the unique relationship between insomnia and obsessions." *Journal of Psychiatric Research* 57 (2014): 101–107.

3 Morin, C.M., et al. "Insomnia disorder." *Nature Reviews Disease Primers* 1 (2015): 1–18.

4 Hirshkowitz, M., et al. "National Sleep Foundation's sleep time duration recommendations: Methodology and results summary." *Sleep Health* 1 (2015): 40–43.

5 Olds, T., Blunden, S., Petkov, J. & Forchino, F. "The relationships between sex, age, geography and time in bed in adolescents: A meta-analysis of data from 23 countries." *Sleep Medicine Reviews* 14 (2010): 371–378.

6 Dregan, A. & Armstrong, D. "Adolescence sleep disturbances as predictors of adulthood sleep disturbances — a cohort study." *Journal of Adolescent Health* 46 (2010): 482–487.

7 Cohen, D.A., et al. "Uncovering residual effects of chronic sleep loss on human performance." *Science Translational Medicine* 2 (2010): 14ra13.

8 Taylor, D.J., Lichstein, K.L., "Durrence, H.H., Reidel, B.W. & Bush, A.J. "Epidemiology of insomnia, depression, and anxiety." *Sleep* 28 (2005): 1457–1464.

9   Shao, Y., et al. "Altered resting-state amygdala functional connectivity after 36 hours of total sleep deprivation." *PLOS ONE* 9 (2014): e112222.

10 Jamieson, D., Broadhouse, K.M., Lagopoulos, J. & Hermens, D.F. "Investigating the links between adolescent sleep deprivation, fronto-limbic connectivity and the onset of mental disorders: A review of the literature." *Sleep Medicine* 66 (2020): 61–67.

11 Baum, K.T., et al. "Sleep restriction worsens mood and emotion regulation in adolescents." *Journal of Child Psychology and Psychiatry* 55 (2014): 180–190.

12 Wong, M.M., Brower, K.J. & Zucker, R.A. "Sleep problems, suicidal ideation, and self-harm behaviors in adolescence." *Journal of Psychiatric Research* 45 (2011): 505–511.

13 "Mental Health Information." National Institute of Mental Health. last modified n.d., accessed Jul 10, 2023, https://www.nimh.nih.gov/health/statistics/suicide.

14 Krause, A.J., et al. "The sleep-deprived human brain." *Nature Reviews Neuroscience* 18 (2017): 404.

15 Poudel, G.R., Innes, C.R., Bones, P.J., Watts, R. & Jones, R.D. "Losing the struggle to stay awake: Divergent thalamic and cortical activity during microsleeps." *Human Brain Mapping* 35 (2014): 257–269.

16 Lo, J.C., Ong, J.L., Leong, R.L., Gooley, J.J. & Chee, M.W. "Cognitive performance, sleepiness, and mood in partially sleep deprived adolescents: The Need for Sleep Study." *Sleep* 39 (2016): 687–698.

17 Tefft, B.C. "Asleep at the wheel: The prevalence and impact of drowsy driving." Foundation for Traffic Safty. last modified n.d., accessed April 06, 2023 https://aaafoundation.org/wp-content/uploads/2018/02/2010DrowsyDrivingReport.pdf.

18 Williamson, A.M. & Feyer, A.M. "Moderate sleep deprivation produces impairments in cognitive and motor performance equivalent to legally prescribed levels of alcohol intoxication." *Occupational and Environmental Medicine* 57 (2000): 649–655.

19 Landrigan, C.P., et al. "Effect of reducing interns' work hours on serious medical errors in intensive care units." *New England Journal of Medicine* 351 (2004): 1838–1848.

20 Bromley, L.E., Booth III, J.N., Kilkus, J.M., Imperial, J.G. & Penev, P.D. "Sleep restriction decreases the physical activity of adults at risk for type 2 diabetes." *Sleep* 35 (2012): 977–984.

21 Taheri, S. "The link between short sleep duration and obesity: We should recommend more sleep to prevent obesity." *Archives of Disease in Childhood* 91 (2006): 881–884.

22 Knutson, K.L., Spiegel, K., Penev, P. & Van Cauter, E. "The metabolic consequences of sleep deprivation." *Sleep Medicine Reviews* 11 (2007): 163–178.

23 Kovacevic, A., Mavros, Y., Heisz, J.J. & Singh, M.A.F. "The effect of resistance exercise on sleep: A systematic review of randomized controlled trials." *Sleep Medicine Reviews* 39 (2018): 52–68.

24 Wang, W.L., Chen, K.H., Pan, Y.C., Yang, S.N. & Chan, Y.Y. "The effect of yoga on

sleep quality and insomnia in women with sleep problems: A systematic review and meta-analysis." *The British Medical Journal Psychiatry* 20 (2020): 1–19.

25 Raman, G., Zhang, Y., Minichiello, V.J., D'Ambrosio, C.M. & Wang, C. "Tai chi improves sleep quality in healthy adults and patients with chronic conditions: A systematic review and meta-analysis." *Journal of Sleep Disorders & Therapy* 2 (2013): 141.

26 Kredlow, M.A., Capozzoli, M.C., Hearon, B.A., Calkins, A.W. & Otto, M.W. "The effects of physical activity on sleep: A meta-analytic review." *Journal of Behavioral Medicine* 38 (2015): 427–449.

27 Czeisler, C.A., et al. "Stability, precision, and near-24-hour period of the human circadian pacemaker." *Science* 284 (1999): 2177–2181.

28 Daan, S. & Gwinner, E. "Jürgen Aschoff (1913–98)." *Nature* 396 (1998): 418.

29 Aschoff, J. "Circadian rhythms in man." *Science* 148 (1965): 1427–1432.

30 Grivas, T.B. & Savvidou, O.D. "Melatonin the "light of night" in human biology and adolescent idiopathic scoliosis." *Scoliosis* 2 (2007): 6.

31 Haim, A. & Zubidat, A.E. "Artificial light at night: Melatonin as a mediator between the environment and epigenome." *Philosophical Transactions of the Royal Society B: Biological Sciences* 370 (2015): 20140121.

32 Lanfumey, L., Mongeau, R. & Hamon, M. "Biological rhythms and melatonin in mood disorders and their treatments." *Pharmacology & Therapeutics* 138 (2013): 176–184.

33 Youngstedt, S.D., et al. "Circadian phase-shifting effects of bright light, exercise, and bright light + exercise." *Journal of Circadian Rhythms* 14 (2016): 2.

34 Fischer, D., Lombardi, D.A., Marucci-Wellman, H. & Roenneberg, T. "Chronotypes in the US — influence of age and sex." *PLOS ONE* 12 (2017): e0178782.

35 Youngstedt, S.D., Elliott, J.A. & Kripke, D.F. "Human circadian phase–response curves for exercise." *The Journal of Physiology* 597 (2019): 2253–2268.

36 Kalak, N., et al. "Daily morning running for 3 weeks improved sleep and psychological functioning in healthy adolescents compared with controls." *Journal of Adolescent Health* 51 (2012): 615–622.

37 Stutz, J., Eiholzer, R. & Spengler, C.M. "Effects of evening exercise on sleep in healthy participants: A systematic review and meta-analysis." *Sports Medicine* 49 (2019): 269–287.

38 Oda, S. & Shirakawa, K. "Sleep onset is disrupted following pre-sleep exercise that causes large physiological excitement at bedtime." *European Journal of Applied Physiology* 114 (2014): 1789–1799.

39 Vogel, C., Wolpert, C. & Wehling, M. "How to measure heart rate?" *European Journal of Clinical Pharmacology* 60 (2004): 461–466.

40 Nanchen, D. "Resting heart rate: What is normal?" *Heart* 104 (2018): 1048–1049.

41 Lader, M. & Mathews, A. "Physiological changes during spontaneous panic attacks." *Journal of Psychosomatic Research* 14 (1970): 377–382.

42 Horváth, A., et al. "Effects of state and trait anxiety on sleep structure: A polysomnographic study in 1083 subjects." *Psychiatry Research* 244 (2016): 279–283.

43 Erlacher, D., Ehrlenspiel, F., Adegbesan, O.A. & Galal El-Din, H. "Sleep habits in German athletes before important competitions or games." *Journal of Sports Sciences* 29 (2011): 859–866.

44 Lowe, H., et al. "Does exercise improve sleep for adults with insomnia? A systematic review with quality appraisal." *Clinical Psychology Review* 68 (2019): 1–12.

45 Baron, K.G., Reid, K.J. & Zee, P.C. "Exercise to improve sleep in insomnia: Exploration of the bidirectional effects." *Journal of Clinical Sleep Medicine* 9 (2013): 819–824.

46 Bastien, C.H., Vallières, A. & Morin, C.M. "Validation of the Insomnia Severity Index as an outcome measure for insomnia research." *Sleep Medicine* 2 (2001): 297–307.

47 Hartescu I., Morgan K. & Stevinson C.D. "Increased physical activity improves sleep and mood outcomes in inactive people with insomnia: A randomized controlled trial." *Journal of Sleep Research* 24 (2015): 526–534.

48 Kredlow, M.A., Capozzoli, M.C., Hearon, B.A., Calkins, A.W. & Otto, M.W. "The effects of physical activity on sleep: A meta-analytic review." *Journal of Behavioral Medicine* 38 (2015): 427–449.

49 Porkka-Heiskanen, T. & Kalinchuk, A.V. "Adenosine, energy metabolism and sleep homeostasis." *Sleep Medicine Reviews* 15 (2011): 123–135.

50 Dworak, M., Diel, P., Voss, S., Hollmann, W. & Strüder, H. "Intense exercise increases adenosine concentrations in rat brain: Implications for a homeostatic sleep drive." *Neuroscience* 150 (2007): 789–795.

51 Peng, W., et al. "Regulation of sleep homeostasis mediator adenosine by basal forebrain glutamatergic neurons." *Science* 369 (2020): eabb0556.

52 Aschoff, J. "Circadian rhythms in man." *Science* 148 (1965): 1427–1432.

53 "Apollo 11 Mission Report." NASA History Division. last modified n.d., accessed Apr 11, 2023, https://history.nasa.gov/alsj/a11/A11_MissionReport.pdf.

54 Cheng, W.J. & Cheng, Y. "Night shift and rotating shift in association with sleep problems, burnout and minor mental disorder in male and female employees." *Occupational and Environmental Medicine* 74 (2017): 483–488.

55 Porkka-Heiskanen, T. & Kalinchuk, A.V. "Adenosine, energy metabolism and sleep homeostasis." *Sleep Medicine Reviews* 15 (2011): 123–135.

56 Van Dongen, H.P., Rogers, N.L. & Dinges, D.F. "Sleep debt: Theoretical and empirical issues." *Sleep and Biological Rhythms* 1 (2003): 5–13.

57 Roehrs, T. & Roth, T. "Caffeine: Sleep and daytime sleepiness." *Sleep Medicine Reviews* 12 (2008): 153–162.

58 Spiegel, K., Leproult, R. & Van Cauter, E. "Impact of sleep debt on metabolic and endocrine function." *The Lancet* 354 (1999): 1435–1439.

59 Montagna, P. "Fatal familial insomnia: A model disease in sleep physiopathology." *Sleep Medicine Reviews* 9 (2005): 339–353.

60 Carskadon, M.A. & Dement, W.C. "Normal human sleep: An overview." *Principles and Practice of Sleep Medicine* 4 (2005): 13–23.

61 Montagna, P. "Fatal familial insomnia: A model disease in sleep physiopathology." *Sleep Medicine Reviews* 9 (2005): 339–353.

62 Fultz, N.E., et al. "Coupled electrophysiological, hemodynamic, and cerebrospinal fluid oscillations in human sleep." *Science* 366 (2019): 628–631.

63 Shapiro, C.M., Bortz, R., Mitchell, D., Bartel, P. & Jooste, P. "Slow-wave sleep: A recovery period after exercise." *Science* 214 (1981): 1253–1254.

64 Shapiro, C.M., Griesel, R.D., Bartel, P.R. & Jooste, P.L. "Sleep patterns after graded exercise." *Journal of Applied Physiology* 39 (1975): 187–190.

65 Martin, J.M., et al. "Structural differences between REM and non-REM dream reports assessed by graph analysis." *PLOS ONE* 15 (2020): e0228903.

66 Ohayon, M.M., Carskadon, M.A., Guilleminault, C. & Vitiello, M.V. "Meta-analysis of quantitative sleep parameters from childhood to old age in healthy individuals: Developing normative sleep values across the human lifespan." *Sleep* 27 (2004): 1255–1273.

67 Lee, Y.F., Gerashchenko, D., Timofeev, I., Bacskai, B.J. & Kastanenka, K.V. "Slow wave sleep is a promising intervention target for Alzheimer's disease." *Frontiers in Neuroscience* 14 (2020).

68 Ju, Y.E.S., Lucey, B.P. & Holtzman, D.M. "Sleep and Alzheimer disease pathology–a bidirectional relationship." *Nature Reviews Neurology* 10 (2014): 115–119.

69 Yang, P.Y., Ho, K.H., Chen, H.C. & Chien, M.Y. "Exercise training improves sleep quality in middle-aged and older adults with sleep problems: A systematic review." *Journal of Physiotherapy* 58 (2012): 157–163.

70 Rupp, T.L., Wesensten, N.J., Bliese, P.D. & Balkin, T.J. "Banking sleep: Realization of benefits during subsequent sleep restriction and recovery." *Sleep* 32 (2009): 311–321.

71 Ebrahim, I.O., Shapiro, C.M., Williams, A.J. & Fenwick, P.B. "Alcohol and sleep I: Effects on normal sleep." *Alcoholism: Clinical and Experimental Research* 37 (2013): 539–549.

72 Wassing, R., et al. "Restless REM sleep impedes overnight amygdala adaptation." *Current Biology* 29 (2019): 2351–2358. e2354.

73 Wassing, R., et al. "Haunted by the past: Old emotions remain salient in insomnia disorder." *Brain* 142 (2019): 1783–1796.

74 Habukawa, M., et al. "Differences in rapid eye movement (REM) sleep abnormalities

between posttraumatic stress disorder (PTSD) and major depressive disorder patients: REM interruption correlated with nightmare complaints in PTSD." *Sleep Medicine* 43 (2018): 34–39.

75 Schuckit, M.A. & Hesselbrock, V. "Alcohol dependence and anxiety disorders: What is the relationship?" *The American Journal of Psychiatry* 151 (1994): 1723-1734.

76 Ebrahim, I.O., Shapiro, C.M., Williams, A.J. & Fenwick, P.B. "Alcohol and sleep I: Effects on normal sleep." *Alcoholism: Clinical and Experimental Research* 37 (2013): 539–549.

77 Pietilä, J., et al. "Acute effect of alcohol intake on cardiovascular autonomic regulation during the first hours of sleep in a large real-world sample of Finnish employees: Observational study." *The Journal of Medical Internet Research Mental Health* 5 (2018): e9519.

7장 집중력을 높여 창의적인 삶으로

1 Pattabiraman, K., Muchnik, S.K. & Sestan, N. "The evolution of the human brain and disease susceptibility." *Current Opinion in Genetics & Development* 65 (2020): 91–97.

2 Zbozinek, T.D., et al. "Diagnostic overlap of generalized anxiety disorder and major depressive disorder in a primary care sample." *Depression and Anxiety* 29 (2012): 1065–1071.

3 Bechara, A. "Decision making, impulse control and loss of willpower to resist drugs: A neurocognitive perspective." *Nature Neuroscience* 8 (2005): 1458–1463.

4 Chadick, J.Z., Zanto, T.P. & Gazzaley, A. "Structural and functional differences in medial prefrontal cortex underlie distractibility and suppression deficits in ageing." *Nature Communications* 5 (2014): 1–12.

5 Christoff, K., Irving, Z.C., Fox, K.C., Spreng, R.N. & Andrews-Hanna, J.R. "Mind-wandering as spontaneous thought: A dynamic framework." *Nature Reviews Neuroscience* 17 (2016): 718–731.

6 McVay, J.C. & Kane, M.J. "Does mind wandering reflect executive function or executive failure? Comment on Smallwood and Schooler (2006) and Watkins (2008)." *Psychological Bulletin* 136 (2010): 188–197.

7 Diamond, A. "Executive functions." *Annual Review of Psychology* 64 (2013): 135–168.

8 Miyake, A. & Friedman, N.P. "The nature and organization of individual differences in executive functions: Four general conclusions." *Current Directions in Psychological*

Science 21 (2012): 8–14.

9   Chang, Y.K., Labban, J.D., Gapin, J.I. & Etnier, J.L. "The effects of acute exercise on cognitive performance: A meta-analysis." *Brain Research* 1453 (2012): 87–101.

10   Fenesi, B., Lucibello, K., Kim, J.A. & Heisz, J.J. "Sweat so you don't forget: Exercise breaks during a university lecture increase on-task attention and learning." *Journal of Applied Research in Memory and Cognition* 7 (2018): 261–269.

11   Giles, G.E., et al. "Acute exercise increases oxygenated and deoxygenated hemoglobin in the prefrontal cortex." *Neuroreport* 25 (2014): 1320–1325.

12   Basso, J.C. & Suzuki, W.A. "The effects of acute exercise on mood, cognition, neurophysiology, and neurochemical pathways: A review." *Brain Plasticity* 2 (2017): 127–152.

13   Bedard, C., St John, L., Bremer, E., Graham, J.D. & Cairney, J. "A systematic review and meta-analysis on the effects of physically active classrooms on educational and enjoyment outcomes in school age children." *PLOS ONE* 14 (2019): e0218633.

14   Donnelly, J.E., et al. "Physical activity, fitness, cognitive function, and academic achievement in children: A systematic review." *Medicine and Science in Sports and Exercise* 48 (2016): 1197.

15   Bull, F.C., et al. "World Health Organization 2020 guidelines on physical activity and sedentary behaviour." *British Journal of Sports Medicine* 54 (2020): 1451– 1462.

16   Ogrodnik, M., Halladay, J., Fenesi, B., Heisz, J. & Georgiades, K. "Examining associations between physical activity and academic performance in a large sample of Ontario students: The role of inattention and hyperactivity." *Journal of Physical Activity and Health* 17 (2020): 1231–1239.

17   Ng, Q.X., Ho, C.Y.X., Chan, H.W., Yong, B.Z.J. & Yeo, W.S. "Managing childhood and adolescent attention-deficit/hyperactivity disorder (ADHD) with exercise: A systematic review." *Complementary Therapies in Medicine* 34 (2017): 123–128.

18   Weyandt, L., Swentosky, A. & Gudmundsdottir, B.G. "Neuroimaging and ADHD: fMRI, PET, DTI findings, and methodological limitations." *Developmental Neuropsychology* 38 (2013): 211–225.

19   Wigal, S.B., Emmerson, N., Gehricke, J.-G. & Galassetti, P. "Exercise: Applications to childhood ADHD." *Journal of Attention Disorders* 17 (2013): 279–290.

20   Yu, C.L., et al. "The effects of acute aerobic exercise on inhibitory control and resting state heart rate variability in children with ADHD." *Scientific Reports* 10 (2020): 1–15.

21   Pontifex, M.B., Saliba, B.J., Raine, L.B., Picchietti, D.L. & Hillman, C.H. "Exercise improves behavioral, neurocognitive, and scholastic performance in children with attention-deficit/hyperactivity disorder." *The Journal of Pediatrics* 162 (2013): 543–551.

22   Erickson, K.I., et al. "Physical activity, cognition, and brain outcomes: A review of the 2018 physical activity guidelines." *Medicine & Science in Sports & Exercise* 51 (2019):

1242–1251.

23 Ludyga, S., Gerber, M., Brand, S., Holsboer-Trachsler, E. & Pühse, U. "Acute effects of moderate aerobic exercise on specific aspects of executive function in different age and fitness groups: A meta-analysis." *Psychophysiology* 53 (2016): 1611–1626.

24 Verburgh, L., Königs, M., Scherder, E.J. & Oosterlaan, J. "Physical exercise and executive functions in preadolescent children, adolescents and young adults: A meta-analysis." *British Journal of Sports Medicine* 48 (2014): 973–979.

25 Hill, E.L. "Executive dysfunction in autism." *Trends in Cognitive Sciences* 8 (2004): 26–32.

26 Bremer, E., Graham, J.D., Heisz, J.J. & Cairney, J. "Effect of acute exercise on prefrontal oxygenation and inhibitory control among male children with autism spectrum disorder: An exploratory study." *Frontiers in Behavioral Neuroscience* 14 (2020): 84

27 Pan, C.Y., et al. "The impacts of physical activity intervention on physical and cognitive outcomes in children with autism spectrum disorder." *Autism* 21 (2017): 190–202.

28 Tse, C.Y.A., et al. "Examining the impact of physical activity on sleep quality and executive functions in children with autism spectrum disorder: A randomized controlled trial." *Autism* 23 (2019): 1699–1710.

29 Kudrowitz, Barry and Caitlin Dippo. Getting to the novel ideas: *Exploring the alternative uses test of divergent thinking*. Portland, OR: American Society of Mechanical Engineers, 2013, V005T06A013.

30 Feist, G.J. "A meta-analysis of personality in scientific and artistic creativity." *Personality and Social Psychology Review* 2 (1998): 290–309.

31 Richard, V., Abdulla, A.M. & Runco, M.A. "Influence of skill level, experience, hours of training, and other sport participation on the creativity of elite athletes." *Journal of Genius and Eminence* 2 (2017): 65–76.

32 Oppezzo, M. & Schwartz, D.L. "Give your ideas some legs: The positive effect of walking on creative thinking." *Journal of Experimental Psychology: Learning, Memory, and Cognition* 40 (2014): 1142.

33 Bollimbala, A., James, P. & Ganguli, S. "The effect of Hatha yoga intervention on students' creative ability." *Acta Psychologica* 209 (2020): 103121.

34 Blanchette, D.M., Ramocki, S.P., O'del, J.N. & Casey, M.S. "Aerobic exercise and creative potential: Immediate and residual effects." *Creativity Research Journal* 17 (2005): 257–264.

35 Richard, V., Abdulla, A.M. & Runco, M.A. "Influence of skill level, experience, hours of training, and other sport participation on the creativity of elite athletes." *Journal of Genius and Eminence* 2 (2017): 65–76.

36 Simons, D.J. & Chabris, C.F. "Gorillas in our midst: Sustained inattentional blindness

for dynamic events." *Perception* 28 (1999): 1059–1074.

37 Memmert, D. & Furley, P. ""I spy with my little eye!": Breadth of attention, inattentional blindness, and tactical decision making in team sports." *Journal of Sport and Exercise Psychology* 29 (2007): 365–381.

38 Bowers, M.T., Green, B.C., Hemme, F. & Chalip, L. "Assessing the relationship between youth sport participation settings and creativity in adulthood." *Creativity Research Journal* 26 (2014): 314–327.

39 Dietrich, A. "Neurocognitive mechanisms underlying the experience of flow." *Consciousness and Cognition* 13 (2004): 746–761.

40 Beaty, R.E., Benedek, M., Kaufman, S.B. & Silvia, P.J. "Default and executive network coupling supports creative idea production." *Scientific Reports* 5 (2015): 1–14.

41 Arnsten, A.F. "Catecholamine modulation of prefrontal cortical cognitive function." *Trends in Cognitive Sciences* 2 (1998): 436–447.

42 Dang, L.C., O'Neil, J.P. & Jagust, W.J. "Dopamine supports coupling of attention-related networks." *Journal of Neuroscience* 32 (2012): 9582–9587.

43 Beaty, R.E., Benedek, M., Silvia, P.J. & Schacter, D.L. "Creative cognition and brain network dynamics." *Trends in Cognitive Sciences* 20 (2016): 87–95.

44 Duckworth, A.L., Peterson, C., Matthews, M.D. & Kelly, D.R. "Grit: Perseverance and passion for long-term goals." *Journal of Personality and Social Psychology* 92 (2007): 1087.

45 Young, B.W. & Salmela, J.H. "Examination of practice activities related to the acquisition of elite performance in Canadian middle distance running." *International Journal of Sport Psychology* 41 (2010): 73.

46 Ericsson, K.A. "Towards a science of the acquisition of expert performance in sports: Clarifying the differences between deliberate practice and other types of practice." *Journal of Sports Sciences* 38 (2020): 159–176.

47 Will Crescioni, A., et al. "High trait self-control predicts positive health behaviors and success in weight loss." *Journal of Health Psychology* 16 (2011): 750–759.

48 Liu-Ambrose, T., et al. "Resistance training and executive functions: A 12-month randomized controlled trial." *Archives of Internal Medicine* 170 (2010): 170–178.

49 Best, J.R., Nagamatsu, L.S. & Liu-Ambrose, T. "Improvements to executive function during exercise training predict maintenance of physical activity over the following year." *Frontiers in Human Neuroscience* 8 (2014): 353.

50 Antoniewicz, F. & Brand, R. "Dropping out or keeping up? Early-dropouts, late-dropouts, and maintainers differ in their automatic evaluations of exercise already before a 14-week exercise course." *Frontiers in Psychology* 7 (2016): 838.

51 Fishbach, A. & Choi, J. "When thinking about goals undermines goal pursuit." *Organizational Behavior and Human Decision Processes* 118 (2012): 99–107.

52 Wilson, K. & Brookfield, D. "Effect of goal setting on motivation and adherence in a six-week exercise program." *International Journal of Sport and Exercise Psychology* 7 (2009): 89–100.

53 Di Domenico, S.I. and Ryan, R.M. "The emerging neuroscience of intrinsic motivation: A new frontier in self-determination research." *Frontiers in Human Neuroscience* 11 (2017): 145.

54 Marashi, M.Y., et al. "A mental health paradox: Mental health was both a motivator and barrier to physical activity during the COVID-19 pandemic." *PLOS ONE* 16 no.4 (2021): e0239244.

옮긴이 **이영래**

이화여자대학교 법학과를 졸업했다. 현재 가족과 함께 캐나다에 거주하면서 번역에이전시 엔터스
코리아에서 출판 기획 및 전문 번역가로 활동하고 있다. 옮긴 책으로는 『빌 게이츠 넥스트 팬데믹
을 대비하는 법』, 『제프 베조스, 발명과 방황』, 『파타고니아, 파도가 칠 때는 서핑을』, 『세대 감각』,
『모두 거짓말을 한다』, 『뇌는 팩트에 끌리지 않는다』 등이 있다.

운동의 뇌과학

1판 1쇄 발행 2023년 8월 4일
1판 8쇄 발행 2024년 11월 13일

지은이 제니퍼 헤이스
옮긴이 이영래
발행인 박명곤 **CEO** 박지성 **CFO** 김영은
기획편집1팀 채대광, 김준원, 이승미, 김윤아, 백환희, 이상지
기획편집2팀 박일귀, 이은빈, 강민형, 이지은, 박고은
디자인팀 구경표, 유채민, 윤신혜. 임지선
마케팅팀 임우열, 김은지, 전상미, 이호, 최고은

펴낸곳 (주)현대지성
출판등록 제406-2014-000124호
전화 070-7791-2136 **팩스** 0303-3444-2136
주소 서울시 강서구 마곡중앙6로 40, 장흥빌딩 10층
홈페이지 www.hdjisung.com **이메일** support@hdjisung.com
제작처 영신사

© 현대지성 2023

"Curious and Creative people make Inspiring Contents"
현대지성은 여러분의 의견 하나하나를 소중히 받고 있습니다.
원고 투고, 오탈자 제보, 제휴 제안은 support@hdjisung.com으로 보내 주세요.

현대지성 홈페이지